·新世纪高等学校计算机系列教材·

数据库应用教程
实验与题解

主　编　黄志军

副主编　吴娇梅　喻　晓　杨　嫘

科学出版社

北　京

内 容 简 介

本书既是与黄志军主编的《数据库应用教程》配套使用的实验实训教材,也适合与其他同类型教材配套使用。书中内容包括两大篇:第一篇为上机实验,主要包括履盖主教材各章内容且颇为实用的 20 个实验,供任课教师根据具体情况进行选用;第二篇为测试题及其解答,根据主教材的内容和参考《全国计算机等级考试大纲》的要求,按章设计了可对参加计算机等级考试也会大有裨益的 11 套测试题,供读者对数据库知识和技术的掌握程度进行自我测试之用。

本书适合各类应用型高等院校本科及专科作为计算机公共数据库选修和必修课程的实验实训教材使用,也适合其他读者作为自学实训教材使用。

注:凡需要本书或其电子原稿备课者,可与唐元瑜老师联系(027-87807752,13907198295)。

图书在版编目(CIP)数据

数据库应用教程实验与题解/黄志军主编.—北京:科学出版社,2011
(新世纪高等学校计算机系列教材)
ISBN 978-7-03-031413-0

Ⅰ.数… Ⅱ.黄… Ⅲ.数据库-实验-高等学校-教学参考资料
Ⅳ.TP311.13

中国版本图书馆 CIP 数据核字(2011)第 105796 号

责任编辑:张颖兵 唐 源/责任校对:梅 莹
责任印制:彭 超/封面设计:梁 希

科 学 出 版 社 出版
北京东黄城根北街 16 号
邮政编码:100717
http://www.sciencep.com

安陆市鼎鑫印务有限责任公司印刷
科学出版社发行 各地新华书店经销
*
2011 年 10 月第一版 开本:787×1092 1/16
2011 年 10 月第一次印刷 印张:10 1/2
印数:1-3 000 字数:250 000

定价:20.00 元
(如有印装质量问题,我社负责调换)

前　言

　　本书是根据教育部制定的计算机课程教学大纲和教育部考试中心最新公布的《全国计算机等级考试大纲》的要求,由教学一线任课教师结合多年的实际教学经验编写而成的。它既是与黄志军主编的《数据库应用教程》配套使用的实验实训教材,也可与其他同类型的教材配套使用。

　　本书在内容组织上依照计算机课程教学大纲和全国计算机等级考试的要求,对 Access 数据库考试知识点有很大的覆盖度,并根据考试考点设置上机实验和测试题,其内容主要包括上机实验和测试题及其解答两大篇。

　　上机实验篇共给出了精心设计的 20 个上机实验。这些实验覆盖了数据库的基础知识,SQL 语言的应用,Access 数据库的创建、查询、维护和管理,建立报表和数据访问页,使用宏和进行 VBA 编程,以创建数据库应用程序,以及 SQL Server 数据库管理系统的基本操作等内容,可供任课教师根据教学对象、课时数等具体情况进行选用。

　　测试题及其解答篇根据主教材的内容和参照全国计算机等级考试的要求,按章精心设计了 11 套测试题,其题型包括选择题、填空题、判断题和简答题等,供读者对数据库知识和技术的掌握程度进行自我测试之用,并附有详细的参考答案供对照。

　　通过完成本书提供的实验和测试题的解题实训,读者不仅可以进一步加深对数据库系统基本概念、基本知识、应用技术的理解和具有较强的实际动手操作数据库与综合应用数据库的能力,而且对参加计算机等级考试也定会大有裨益。

　　本书由黄志军老师任主编,吴娇梅、喻晓、杨嫘老师任副主编。具体撰写人员有:张海燕(实验 1、实验 2 和第 1 章测试题及其参考答案),杨嫘(实验 3、实验 4 和第 3 章测试题及其参考答案),曾毅(实验 5～实验 8 和第 4 章测试题及其参考答案),吴保荣(实验 9～实验 11 和第 5 章测试题及其参考答案),吴娇梅(实验 12、实验 13 和第 6 章测试题及其参考答案),潘爱武(实验 14 第 7 章测试题及其参考答案),喻晓(实验 15、实验 16 和第 8、第 9 章测试题及其参考答案),李凤麟(实验 17、实验 18 和第 10 章测试题及其参考答案),李娟(实验 19 和第 2 章测试题及其参考答案),裴承丹(实验 20 和第 11 章测试题及其参考答案)。主编黄志军老师制订了本书的编写大纲和撰写了前言,并且对全书进行了统稿和定稿等审定工作。

　　本书在编写过程中,参考了国内的一些优秀教材,并得到了湖北省计算机学会和参编学校有关领导与专家的大力支持与帮助,在此一并致谢。

　　由于编者水平有限,书中缺点与错误在所难免,敬请有关专家和读者予以批评指正。

编　者

2011 年 6 月

目　　录

第一篇

上机实验

本篇根据《数据库应用教程》主教材的内容,精心设计了 20 个颇为实用并履盖主教材各章内容的实验,可供任课教师根据教学对象、课时数等具体情况进行选用。

实验 1　Access 2003 数据库软件的安装

(一) 实验目的

通过本实验,熟悉 Access 2003 的安装界面,掌握 Access 2003 数据库软件的安装步骤与方法。

(二) 实验案例

将"Microsoft Office Access 2003"数据库软件安装到你的计算机中。

(三) 实验指导

1. 主要知识点

本案例主要介绍 Access 2003 数据库管理系统的安装方法及步骤。

2. 实现步骤

具体安装步骤如下:

(1) 将 Office 2003 安装光盘放入光驱中,安装程序会自动运行(如果光驱的自动播放功能被关闭,则可进入安装光盘目录,找到"setup. exe"文件双击后也可启动安装程序)。接着,出现"产品密钥"的输入窗口,如图 1-1 所示。此时,可查看安装光盘封面或光盘内的"sn. txt"文件,即可找到这个密钥。

(2) 正确输入安装密钥后,进入"用户信息"输入对话框,如图 1-2 所示。任意输入信息后单击"下一步"按钮。

(3) 在"最终用户许可协议"窗口里勾选接受后,进入"安装类型"对话框,如图 1-3 所示。这里有几种安装类型可选,我们可选择"自定义安装";接着是设定 Access 的安装路径(即安装位置)。选择"自定义安装"选项后,单击"下一步"按钮。

(4) 进入如图 1-4 所示的"自定义安装"对话框,在这里可以对 Office 应用程序进行取舍。例如,可选择平常使用最多的 Word,Excel 和 Access 组件程序,其他不常用的就不选(以后需要这些组件程序时,可启动 Office 修复程序安装这些组件程序)。另外,勾选"选择应用程序的高级自定义"选项,以便安装 Access 的具体组件项。

(5) 单击"下一步"按钮,会出现安装"摘要"对话框,如图 1-5 所示。此时,可选择"Access"

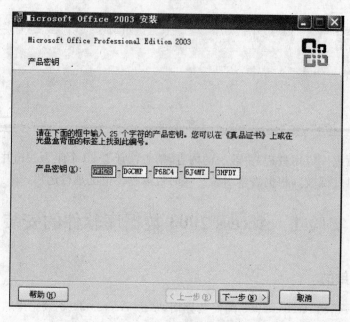

图 1-1　"产品密钥"输入窗口

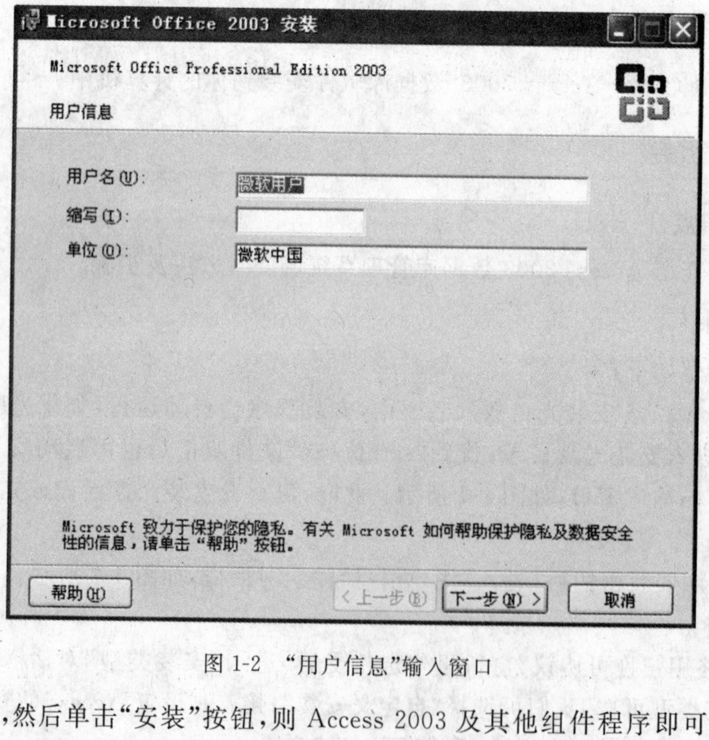

图 1-2　"用户信息"输入窗口

及其他组件程序,然后单击"安装"按钮,则 Access 2003 及其他组件程序即可开始进行安装,最后单击"完成"按钮。

(6)此时,依此单击"开始"→"程序"→"Microsoft Office"→"Microsoft Office Access 2003"命令,即可启动 Access 2003 程序了,如图 1-6 所示。

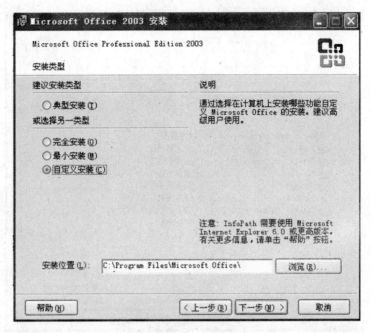

图 1-3　"安装类型"对话框

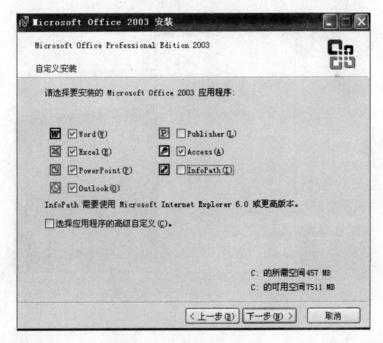

图 1-4　"自定义安装"对话框

（四）实验体验

1. 实验题目

完成以下操作：

（1）成功安装 Access 2003 数据库软件以后，更改或修改 Office 2003 软件的安装设置。

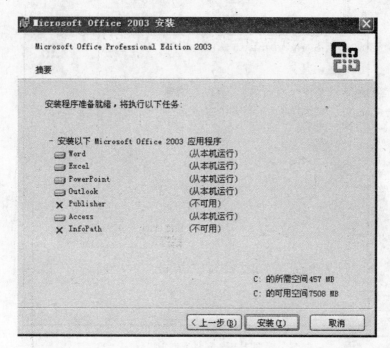

图 1-5　安装"摘要"对话框

图 1-6　单击"Microsoft Office Access 2003"后启动 Access 2003 程序

（2）卸载 Access 2003 数据库软件。

2. 实验要求

（1）能正确更改 Office 2003 软件的安装设置。

（2）能够成功卸载 Access 2003 数据库软件。

实验 2　SQL Server 2000 个人版数据库软件的安装

（一）实验目的

通过本实验，熟悉 SQL Server 2000 的安装界面，掌握 SQL Server 2000 个人版数据库软件的安装步骤与方法。

（二）实验案例

将"Microsoft SQL Server 2000 简体中文个人版"软件安装到你的计算机中。

（三）实验指导

1. 主要知识点

本实验案例主要介绍 SQL Server 2000 个人版数据库管理系统的安装方法及步骤。

2. 实现步骤

具体安装步骤如下：

（1）将 Microsoft SQL Server 2000 安装光盘放入光驱中，安装程序会自动运行出现版本选择对话框，如图 2-1 所示。由于我们要安装的是"Microsoft SQL Server 2000 简体中文个人版"软件，故应选择"安装 Microsoft SQL Server 2000 简体中文个人版"选项。

图 2-1　Microsoft SQL Server 2000 版本选择对话框

（2）进入如图 2-2 所示的 Microsoft SQL Server 2000 简体中文个人版安装对话框，选择"安装 SQL Server 2000 组件"选项。

（3）进入如图 2-3 所示的"安装组件"对话框后，在该对话框中选择"安装数据库服务器"选项。

（4）进入如图 2-4 所示的安装向导"欢迎"对话框后，单击"下一步"按钮。

图 2-2　Microsoft SQL Server 2000 简体中文个人版安装对话框

图 2-3　"安装组件"对话框

图 2-4　"欢迎"对话框

(5) 进入如图 2-5 所示"计算机名"对话框。在这个对话框中共有三个单选按钮:"本地计算机"可执行本地计算机的安装;"远程计算机"可将 SQL Server 2000 安装在互联网上某台指定的计算机上;"虚拟服务器"可将网络上的某台计算机作为虚拟数据库服务器安装 SQL Server 2000。这里选择"本地计算机",然后单击"下一步" 按钮。

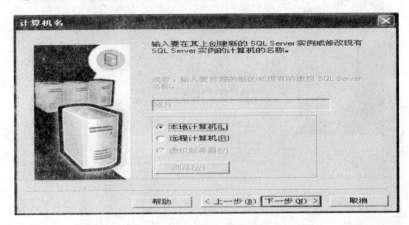

图 2-5 "计算机名"对话框

(6) 进入如图 2-6 所示的"安装选择"对话框。该对话框中包含三个选项:"创建新的 SQL Server 实例,或安装客户端工具"用于创建一个新的 SQL Server 2000 实例,这是一个默认选项;"对现有 SQL Server 实例进行升级、删除或添加组件"用于对已有的 SQL Server 2000 实例进行各种修改,由于是第一次安装,因此该选项是灰色的,不能使用;"高级选项"用于设置一些高级安装选项,如准备执行无职守安装等。这里选择默认的"创建新的 SQL Server 实例,或安装客户端工具"选项,然后单击"下一步" 按钮。

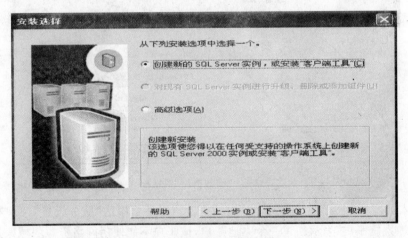

图 2-6 "安装选择"对话框

(7) 进入如图 2-7 所示的"安装定义"对话框。该对话框中包含三个选项:"仅客户端工具"表示只安装客户端工具,该选项只在已有数据库服务器而只需要安装客户端工具的前提下选择;"服务器和客户端工具"表示既安装数据库服务器同时也安装客户端工具,且是一默认选项,对于个人用户来说应该选择此选项;"仅链接"表示只安装链接工具,选择了此选项只能通过应用程序访问数据库服务器。这里我们选择默认的"服务器和客户端工具"选项,然后单击"下一步"按钮。

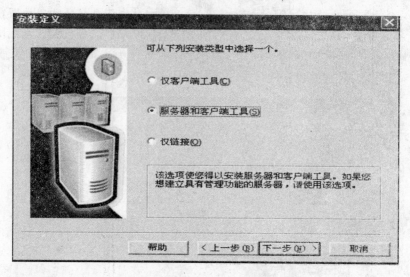

图 2-7 　"安装定义"对话框

(8) 进入"安装类型"对话框,如图 2-8 所示。该对话框中有三个选项;"典型"是系统默认的安装,且安装最常用的组件,建议大多数用户选择此项;"最小"只安装系统必不可少的组件,这种方式占用机器资源较少;"自定义"允许用户自己选择安装的组件,适合于有经验的用户安装。这里我们选择"典型"安装方式,然后单击"下一步"按钮。

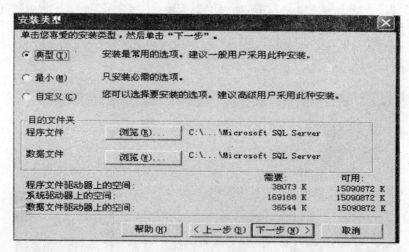

图 2-8 　"安装类型"对话框

(9) 进入如图 2-9 所示的"服务账户"对话框。该对话框中的"服务设置"项中有两个可选项:"使用本地系统账户"表示创建一个本地账户,该账户不能使用网络资源的域账户;"使用域用户账户"表示为这些服务指定可以使用网络资源的域账户。这里我们选择默认的"对每个服务使用同一账户,自动启动 SQL Server 服务"和"使用本地系统账户"选项,然后单击"下一步"按钮。

(10) 进入如图 2-10 所示的"身份验证模式"对话框。该对话框中有两个可选项:"Windows 身份验证模式"表示允许登录 Windows 系统用户身份登录 SQL Server 2000 系统;"混合模式"要求用户输入 sa 的登录密码。sa 是 SQL Server 2000 的系统管理员用户,拥有系统的所有权限。如果你使用的操作系统是 Windows NT 以上,则选择"Windows 身份验证模

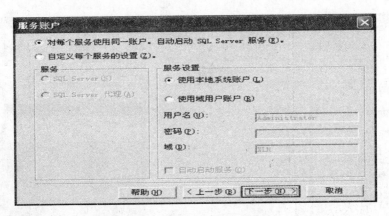

图 2-9 "服务账户"对话框

式"即可；如果你使用的操作系统是 Windows 9X，则建议选择"混合模式"，并且为此设定访问密码。这里我们选择"Windows 身份验证模式"并为此设定访问密码，然后单击"下一步"按钮。

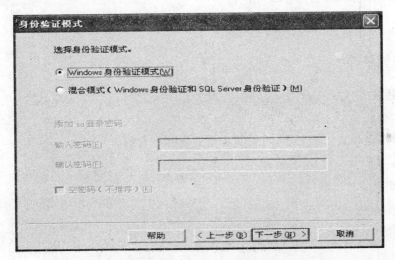

图 2-10 "身份验证模式"对话框

(11) 安装程序开始向硬盘复制必要的文件，并出现安装进度提示窗口，如图 2-11 所示。

图 2-11 安装进度提示窗口

(12) 等到安装进度为 100% 时，出现提示"安装成功"的对话框。在安装成功对话框中单击"完成"按钮，则完成了 SQL Server 2000 的安装。此时，若依次单击"开始"→"程序"命令，即可看到 Microsoft SQL Server 2000 的程序组件界面，如图 2-12 所示。

图 2-12　Microsoft SQL Server 2000 的程序组件界面

（四）实验体验

1. 实验题目

完成以下操作：

（1）成功安装 SQL Server 2000 数据库企业版和个人版。

（2）卸载 SQL Server 2000 数据库。

2. 实验要求

（1）能正确安装 SQL Server 2000 数据库的不同版本。

（2）能够成功卸载 SQL Server 2000 数据库。

实验 3　Access 数据库、工作表的创建与修改

（一）实验目的

通过本实验,熟悉 Access 2003 的界面,掌握创建空白数据库和使用表设计器创建表的方法,以及创建和修改 Access 2003 数据表之间关系的方法。

（二）实验案例

在 Access 2003 环境下,创建一个名为"图书销售.mdb"的数据库。在数据库中应包含 3 张表,分别是"tBook"表(如表 3-1 所示,其表结构见表 3-4)、"tEmployee"表(如表 3-2 所示,其表结构见表 3-5)和"tSell"表(如表 3-3 所示,表结构见表 3-6)。

要求采用不同的方式创建表结构,其中:用设计器创建"tBook"表和"tEmployee"表;用输入数据的方式创建"tSell"表。最后创建 3 张表之间的关系。

表 3-1　"tBook"表

图书 ID	书名	类别	单价	作者	出版社名称
1	网络原理	JSJ	23.50	黄全胜	清华大学出版社
2	计算机原理	JSJ	38.00	张海涛	电子工业出版社
3	Access2003 应用教程	JSJ	36.00	张海涛	电子工业出版社
4	Access2007 导引	JSJ	26.00	郭丽	航空工业出版社
5	会计学原理	KJ	19.00	刘洋	中国商业出版社
6	Excel2007 应用教程	JSJ	26.60	邵青	航空工业出版社
7	成本核算	KJ	15.00	李红	中国商业出版社
8	成本会计	KJ	27.00	刘小	中国商业出版社
9	WORD2003 案例分析	JSJ	23.00	张红	电子工业出版社

表 3-2　"tEmployee"表

雇员 ID	姓名	性别	出生日期	职务	简历	联系电话
1	王宁	女	1970-1-1	经理	1994 年大学本科毕业,曾做过销售员	65976450
2	李清	男	1972-7-1	职员	1996 年大学本科毕业,现为销售员	65976451
3	王创	男	1980-1-1	职员	2003 年大学专科毕业,现为销售员	65976452
4	郑炎	女	1985-3-1	职员	2008 年大学本科毕业,现为销售员	65976453
5	魏小红	女	1968-9-1	职员	1990 年大学专科毕业,现为管理员	65976454

表 3-3　"tSell"表

销售单号	雇员 ID	图书 ID	数量	售出日期	折扣
1	1	1	23	2009-1-1	0.8
2	2	1	45	2009-1-2	0.85
3	5	2	65	2009-1-5	0.78

销售单号	雇员 ID	图书 ID	数量	售出日期	折扣
4	3	3	12	2009-2-1	0.90
5	2	4	1	2009-4-5	1.00
6	1	5	45	2009-4-5	0.85
7	5	6	78	2009-5-1	0.80
8	3	1	47	2009-5-1	0.80
9	1	1	5	2009-5-1	0.95
10	4	8	41	2009-3-1	0.90

表 3-4　"tBook"表结构

字段名称	数据类型	字段大小	说明
图书 ID	数字	整型	主键
书名	文本	20	
类别	文本	3	
单价	货币		
作者	文本	10	
出版社名称	文本	10	

表 3-5　"tEmployee"表结构

字段名称	数据类型	字段大小	说明
雇员 ID	文本	10	主键
姓名	文本	10	
性别	文本	1	默认值为"女"
出生日期	日期/时间	短日期	
职务	文本	5	
简历	备注		
联系电话	文本	15	设置掩码只能为 8 位数字

表 3-6　"tSell"表结构

字段名称	数据类型	字段大小	格式	说明
销售单号	自动编号			主键
雇员 ID	文本	10		
图书 ID	数字	整型		
数量	数字	整型		有效性规则:＞0 有效性文本:不记录没有销售数量的值
售出日期	日期/时间			
折扣	数字	单精度型	固定	小数位数为 2

（三）实验指导

1. 主要知识点

本实验案例主要包括以下知识点：

（1）建立空白数据库的基本过程。

（2）使用设计器、输入数据等方法创建表的基本过程。

（3）使用设计器修改表结构的基本过程。

（4）创建表关系的基本过程。

2. 实现步骤

根据本实验案例的要求，可按以下 4 步进行：

1）新建空白数据库

具体操作步骤如下：

（1）依次选择"开始"→"所有程序"→"Microsoft Office"→"Microsoft Office Access 2003"命令，打开 Access 2003 工作环境。在任务窗格中选择 新建文件 按钮，接着选择 空数据库 按钮，弹出"文件新建数据库"对话框，如图 3-1 所示。

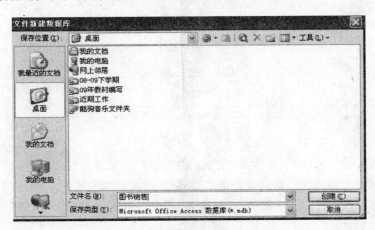

图 3-1　"文件新建数据库"对话框

　　（2）在"文件名"文本框中输入"图书销售"，然后选择保存位置，最后点击"创建"按钮，则会得到如图 3-2 所示的"图书销售"空白数据库窗口。

2）使用设计器创建表 tBook 和 tEmployee

具体操作步骤如下：

　　（1）在新建的空白数据库窗口的左侧单击"表"对象，接着在其右侧双击"使用设计器创建表"，弹出如图 3-3 所示的"表"设计视图。

　　（2）根据表 3-4 的结构，在"表"设计视图的"字段名称"栏的第 1 行输入"图书 ID"；将鼠标移动到同一行的"数据类型"栏，点击左侧的三角形，在下拉菜单列表中选择"数字"；然后，把鼠标定位到字段属性的"字段大小"处，点击右侧的三角形，并在下拉菜单列表中选择"整型"。此时，就完成了"图书 ID"字段的建立。

　　（3）将鼠标下移一行，在"字段名称"栏输入"书名"，数据类型选择"文本"，然后在字段属性的"字段大小"栏中输入"15"，这样就完成了"书名"字段的建立。

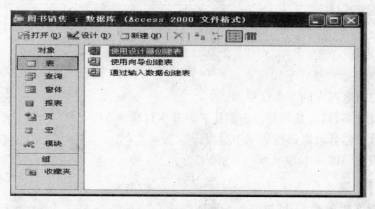

图 3-2　"图书销售"空白数据库窗口

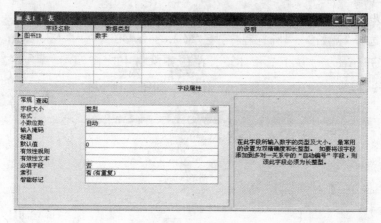

图 3-3　"表"设计视图

（4）将鼠标下移一行，在"字段名称"栏输入"类别"，数据类型选择"文本"，然后在字段属性的"字段大小"栏中输入"3"，这样就完成了"类别"字段的建立。

（5）将鼠标下移一行，在"字段名称"栏输入"单价"，数据类型选择"货币"，这样就完成了"单价"字段的建立。

（6）类似（3）~（5）步的方法，依次完成"作者名"、"出版社编号"、"出版社名称"等字段的建立。

（7）单击"图书 ID"字段前的行选择区，接着点击工具栏上的"主键"按钮 ，将"图书 ID"字段设定为主键。设置完成后，在"图书 ID"字段前会有一个带钥匙的图标 。

（8）点击"关闭"按钮，在弹出的询问框中，点击"是"按钮，接着输入表的名称"tBook"，最后按"确定"按钮。此时，即完成了"tBook"表结构的建立。

（9）类似步骤（1）~（8）的方法，根据表 3-5，创建表 tEmployee 的结构。但值得指出的是，设置"联系电话"掩码的具体方法是：将鼠标定位到"联系电话"字段，在其字段属性的输入掩码框中输入"00000000"即可。

3）通过输入数据创建表 tSell

具体操作步骤如下：

（1）在数据库窗口的左侧单击"表"对象，如图 3-2 所示，接着在其右侧双击"通过输入数据创建表"，弹出如图 3-4 所示的"数据表视图"窗口。

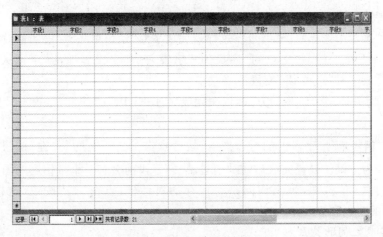

图 3-4 "数据表视图"窗口

（2）根据表 3-6，双击图 3-4 中的"字段 1"，然后输入"销售单号"；双击"字段 2"，然后输入"雇员 ID"；使用同样的方法，在字段 3 至字段 6 中依次输入"图书 ID"、"数量"、"售出日期"和"折扣"。

（3）单击"文件"菜单中的"保存"命令，或单击工具栏上的"保存"按钮 ![save]，弹出"另存为"对话框，在其"表名称"文本框中输入表名"tSell"，然后单击"确定"按钮，弹出如图 3-5 所示的"创建主键"提示框。因要到下面的第（8）步再创建主键，所以这里应单击"否"按钮。

图 3-5 "创建主键"提示框

（4）由于这里是采用输入数据方式创建表，系统默认所有字段的类型都是文本型，这样不符合表 5-6 的结构要求，因此需要修改表 tSell 的结构。其具体做法是：在数据库窗口中的左侧单击"表"对象，接着在其右侧选中"tSell"，点击"设计"按钮 ![design]，则打开了表 tSell 的设计视图，如图 3-6 所示。

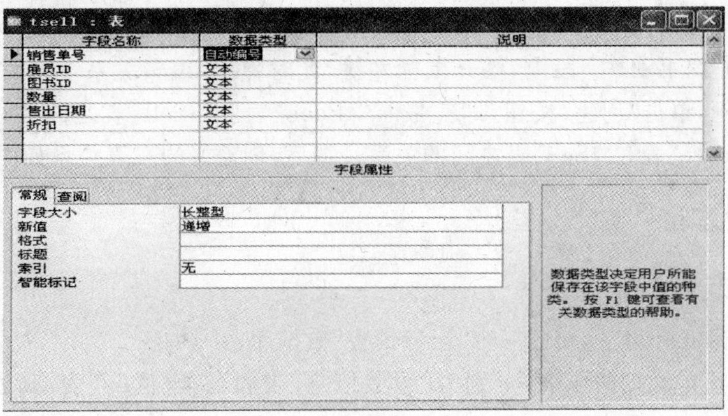

图 3-6 表 tSell 的设计视图

（5）根据表 3-6 所示的结构，将鼠标定位到字段"销售单号"的数据类型处，点击其右侧的三角形，在下拉菜单中选择"自动编号"，这样就完成了对"销售单号"字段的修改。

（6）将鼠标下移一行，并定位到"雇员 ID"字段，在其字段属性的"字段大小"栏中输入"10"，这样就完成了对"雇员 ID"字段的修改。

（7）用类似第（5）、第（6）步的方法，依次完成对"图书 ID"、"数量"、"售出日期"、"折扣"等字段的修改。

（8）单击"销售单号"字段前的行选择区，接着点击工具栏上的"主键"按钮 [key]，将"销售单号"字段设定为主键。设置完成后，在"销售单号"字段前会有一个带钥匙的图标。

（9）点击"关闭"按钮，弹出询问是否保存的对话框，点击"是"按钮，这样就完成了对"tSell"表结构的建立和修改。

4）创建各表之间的关系

具体操作步骤如下：

（1）返回到数据库窗口，单击工具栏上的"关系"按钮 [icon]，弹出"关系"窗口，如图 3-7 所示。如果"显示表"对话框没有出现，则可以单击工具栏上的"显示表"按钮 [icon]。

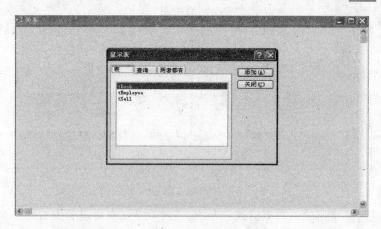

图 3-7　"关系"和"显示表"窗口

（2）在"显示表"窗口中，分别选择"表"选项卡列表框中的"tBook"，"tEmployee"和"tSell"，然后单击"添加"按钮，会打开"关系"布局窗口。

（3）在"关系"布局窗口中，选择"tBook"表中的"图书 ID"字段，按住鼠标左键不放将其拖到"tSell"表中的"图书 ID"字段上，松开鼠标左键，此时弹出"编辑关系"对话框，选中"实施参照完整性"复选框，单击"创建"按钮，即完成了"tBook"表和"tSell"表之间关系的创建。类似地，创建"tEmployee"表和"tSell"表之间的关系。最后，创建好的三表关系如图 3-8 所示。

（四）实验体验

1. 实验题目

在 Access 2003 环境下，新建一个"服装销售"数据库，并要求：

（1）在数据库中添加两张表，分别为"服装信息"表和"销售情况"表，其表结构分别如表 3-7 和表 3-8 所示。

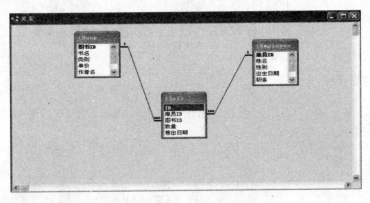

图 3-8 创建好的三表关系窗口

表 3-7 "服装信息"表结构

字段名称	数据类型	字段大小	说明
货号	文本	7	主键,设置掩码时前 3 个必须是字母,后 4 个为数字
类别	文本	2	
款式	文本	6	
单价	货币		
质地	文本	10	
品牌	文本	20	
描述	备注		

表 3-8 "销售情况"表结构

字段名称	数据类型	字段大小	标题	格式	说明
ID	自动编号		销售编号		主键
雇员 ID	文本	10			
货号	文本	7			
数量	数字	整型			有效性规则:>0 有效性文本:请输入正确的销售数量
售出日期	日期/时间				
折扣	数字	单精度型		标准	小数位数为 2

（2）从实验案例创建的"图书销售"数据库中导入"tEmployee"表结构,并将该表重命名为"销售人员"。

（3）建立"服装信息"表、"销售情况"表和"销售人员"表之间的联系。

2. 实验要求

（1）仿照以上实验案例的实现方法,完成本实验题目所要求完成的全部工作。

（2）实验完成后,将创建的"服装销售"数据库、"服装信息"表、"销售情况"表、"销售人员"表及三表之间联系的截图,贴到实验报告中。

实验 4 Access 数据表数据的编辑

(一) 实验目的

通过本实验,掌握 Access 2003 数据表数据的输入和修改方法,以及更改数据表的显示方式和数据表数据的排序、筛选的方法。

(二) 实验案例

在实验 3 已经建立好的“图书销售”数据库中,分别向“tBook”表、“tEmployee”表和“tSell”表中,输入如表 3-1、表 3-2 和表 3-3 所示的数据。

输入完数据后,接着进行以下编辑工作:

(1) 对“tEmployee”表进行以下更改数据表显示方式的编辑工作:①将行高设定为“20”;②隐藏“出生日期”字段的显示;③将表中的字体、字号分别变为楷体、四号。其效果应如图4-1所示。

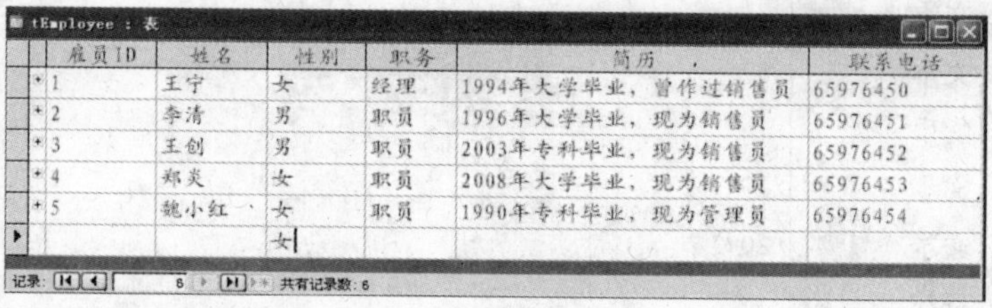

雇员ID	姓名	性别	职务	简历	联系电话
1	王宁	女	经理	1994年大学毕业,曾作过销售员	65976450
2	李清	男	职员	1996年大学毕业,现为销售员	65976451
3	王创	男	职员	2003年专科毕业,现为销售员	65976452
4	郑炎	女	职员	2008年大学毕业,现为销售员	65976453
5	魏小红	女	职员	1990年专科毕业,现为管理员	65976454
		女			

图 4-1 “tEmployee”表的编辑效果图

(2) 对“tBook”表中的数据进行以下排序和筛选等编辑工作:①按“单价”字段升序排列;②按选定内容筛选电子工业出版社的记录。其效果应如图 4-2 所示。

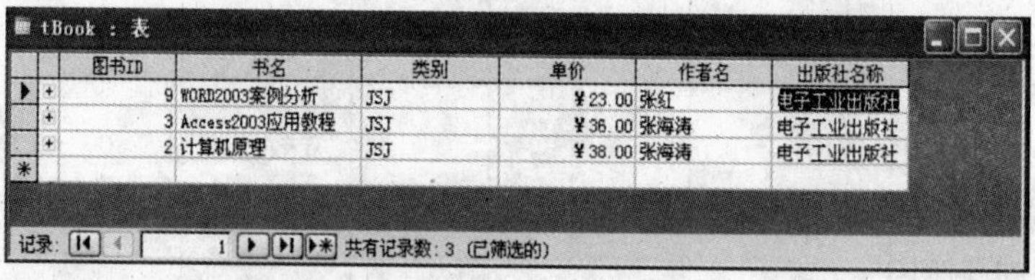

图书ID	书名	类别	单价	作者名	出版社名称
9	WORD2003案例分析	JSJ	¥23.00	张红	电子工业出版社
3	Access2003应用教程	JSJ	¥36.00	张海涛	电子工业出版社
2	计算机原理	JSJ	¥38.00	张海涛	电子工业出版社

图 4-2 “tBook”表的编辑效果图

(三) 实验指导

1. 主要知识点

本实验案例主要包括以下知识点:

(1) 在数据表视图中,输入数据的基本过程。

(2) 在数据表视图中,更改表显示方式的基本过程。

(3) 在数据表视图中,排序和筛选数据的基本过程。

2. 实现步骤

根据本实验案例的要求,可按以下三步进行:

1) 输入数据

具体操作步骤如下：

（1）打开"图书销售"数据库，如图 4-3 所示。单击数据库窗口左侧的"表"对象，在其列表的右侧选中"tBook"表，然后单击"打开"按钮，或者直接双击表名进入到数据表视图，如图 4-4 所示。

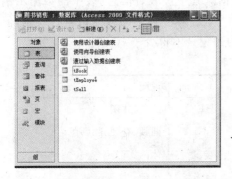

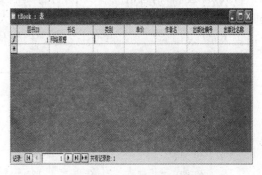

图 4-3　"图书销售"数据库窗口　　　　　　图 4-4　数据表视图

（2）按照表 3-1 中的数据，将光标定位到第 1 个空白行的第 1 个字段处，即在"图书 ID"栏输入"1"，接着光标移到同一行的下一字段，即在"书名"栏输入"网络原理"。随后，依次在同一行中的其他字段，即在"类别"栏输入"JSJ"，在"单价"栏输入"23.50"，在"作者名"栏输入"黄全胜"，在"出版社名称"栏输入"清华大学出版社"。此时，就完成了一条记录的输入。

（3）将鼠标下移一行，用与第（2）步类似的方法输入下一条记录。

（4）重复第（3）步的操作，直至表 3-1 中的数据输入完毕，这样便完成了"tBook"表数据的输入。

（5）根据表 3-2 和表 3-3 中的数据，用与第（1）～第（4）步类似的方法进行操作，完成"tEmployee"表和"tSell"表数据的输入。

2) 更改"tEmployee"表中的数据显示方式

具体操作步骤如下：

（1）打开"tEmployee"表的数据表视图。

（2）依次单击菜单栏上的"格式"→"行高"命令，在弹出的对话框中输入"20"。

（3）将光标定位到"出生日期"列上，依次单击菜单栏上的"格式"→"隐藏列"命令。

（4）依次单击菜单栏上的"格式"→"字体"命令，在弹出的"字体"对话框中的"字体"和"字号"栏中分别选择"楷体-GB2312"和"四号"。此时，即完成了更改"tEmployee"表中数据显示方式的操作。

3) 排序和筛选"tBook"表中的数据

具体操作步骤如下：

（1）打开"tBook"表的数据表视图。

（2）将光标定位到"单价"列上，然后单击工具栏上的升序按钮  。

（3）将光标定位到"出版社名称"列上，选中"电子工业"4 个字，然后依次单击菜单栏上的"记录"→"筛选"→"按选定内容筛选"命令。此时，即完成了排序和筛选"tBook"表中数据的操作。

（四）实验体验

1. 实验题目

（1）向实验 3 中实验体验部分建立好的"服装信息"数据库的三张表（即"服装信息"表、"销售人员"表和"销售情况"表）中，自行编制并输入数据。其中："服装信息"表中的数据示例如表 4-1 所示（要求不少于 8 条记录）；"销售人员"表和"销售情况"表中的数据请自行编制，但"销售人员"表中的记录不得少于 5 条，"销售情况"表中的记录不得少于 10 条。

表 4-1   "服装信息"表

货号	类别	款式	单价	质地	品牌	说明
VVC9020	女装	短袖	60	雪纺	HEYI	纯色、休闲
CVX0061	女装	长袖	298	纯棉	ONLY	圆领、有图案、韩版
WHH3101	男装	短袖	188	混纺	袋鼠	休闲
CCZ0980	童装	套装	125	纯棉	米奇	……
……	……	……	……	……	……	

（2）对"销售人员"表进行以下更改数据表显示方式的编辑操作：将行高设定为"25"；隐藏"出生日期"字段的显示；将表中的字体、字号分别变为仿宋体、小四号、加粗显示。

（3）对"服装信息"表数据进行以下排序和筛选的编辑操作：按"单价"字段降序排列；筛选出衣服风格不是"休闲"的记录（提示：按内容排除筛选）。

2. 实验要求

（1）仿照以上实验案例的实现方法，完成本实验题目所要求完成的全部工作。

（2）实验完成后，将加数据后的"服装信息"表、"销售人员"表、"销售情况"表和编辑后的"销售人员"表、"服装信息"表的最后截图，贴到实验报告中。

实验 5　Access 数据库的选择查询

（一）实验目的

通过本实验，熟悉查询设计视图，掌握 Access 数据库选择查询的创建方法，以及添加查询准则和对记录进行排序的方法。

（二）实验案例

在 Access 2003 数据库环境下，创建一个基于"图书销售"数据库中"tBook"表的选择查询。要求：查询结果包含"tBook"表中的"图书 ID"、"书名"、"单价"、"作者名"和"出版社名称"字段，并以"图书基本信息"命名查询；在查询中添加准则，使查询结果只显示出版社名称为"电子工业出版社"的图书基本信息，并根据"单价"对记录进行排序。其结果要求如图 5-1 所示。

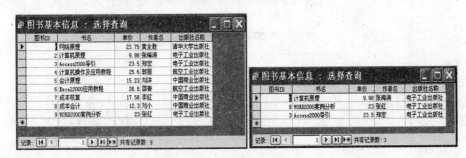

图 5-1　本实验案例的要求结果

（三）实验指导

1. 主要知识点

本实验案例主要包括以下知识点：

（1）利用 Access 的查询，用户可以从数据库中获取所需要的信息。

（2）查询有"数据表视图"和"设计视图"两种视图。其中，"数据表视图"用于显示查询执行的结果数据；"设计视图"不仅可用于创建各种类型的查询，而且还可用于对已有的查询进行修改。

（3）通过设置准则可以搜索出符合某些条件的记录。如果一个查询条件不能满足要求，则可以采用多个查询条件。

（4）对记录进行排序。

2. 实现步骤

具体实现步骤如下：

（1）双击打开"图书销售"数据库窗口，在窗口左侧的"对象"列表框中单击"查询"选项，如图 5-2 所示。

（2）在"图书销售"数据库窗口右侧的窗格中双击"在设计视图中创建查询"选项，或单击"设计"按钮 ![设计] ，弹出"显示表"对话框，如图 5-3 所示。

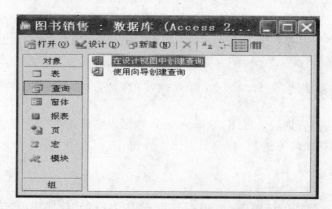

图 5-2 "图书销售"数据库窗口

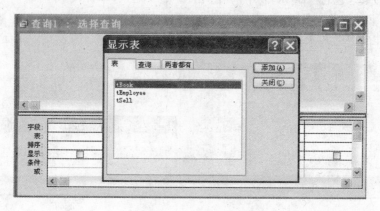

图 5-3 "显示表"对话框

(3) 添加数据表"tBook"。在"显示表"对话框中，单击建立查询所需的表或查询。若要添加多个关联的表，可以按住 Ctrl 键，同时选择多个表。完成数据表的选择后，单击"添加"按钮，将数据表添加到"查询"对话框中。也可以通过双击所需的数据表的方法添加数据表。这里，我们选择"tBook"，单击"关闭"按钮，弹出为"tBook"表添加数据的设计视图，如图 5-4 所示。

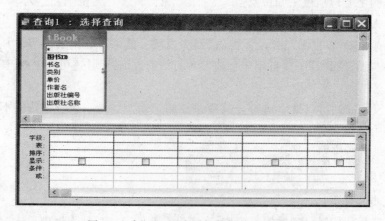

图 5-4 为"tBook"表添加数据的设计视图

(4) 添加"tBook"表中的字段。有三种方法可将"tBook"表中的字段添加到查询"设计视图"下半部分的表格中：在"设计视图"上半部分的数据表中，双击选择所需的字段；或者使用鼠标拖放功能,把要选择的字段拖到"设计视图"下半部分的表格中;或者是在"设计视图"下半部分的"字段"位置单击按钮,弹出下拉列表框,该列表框中显示出的数据表的表名及其全部字段名,在下拉列表框中选择需要的字段即可。这样,字段名依次显示在"字段"一行,各字段对应的数据表显示在"表"一行。"tBook"表中所需字段被添加后的结果如图 5-5 所示。

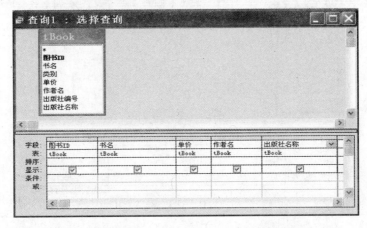

图 5-5 "tBook"表中所需字段被添加后的结果

(5) 完成"tBook"表的选择查询创建后,依次选择主窗口菜单栏中的"文件"→"保存"命令,或单击工具栏中的"保存"按钮 ,在弹出的"另存为"对话框的"查询名称"文本框中,为新建的查询命名为"图书基本信息",单击"确定"按钮,保存查询的结果,如图 5-6 所示。

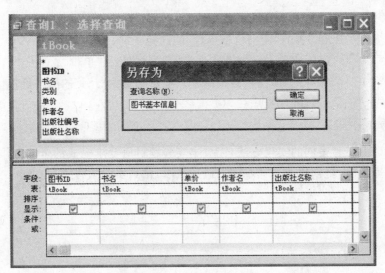

图 5-6 保存的查询结果

(6) 单击主窗口工具栏上的"运行"按钮 ,可浏览查询结果。

(7) 添加查询准则并设置排序:在"对象"列表框中,单击"查询"选项以及新创建的查询"图书基本信息",再单击工具栏上的"设计"按钮 设计(D),弹出"设计视图"窗口;在"条件"单元格,用户可以设置相应字段的查询条件;在"排序"单元格,用户可将查询结果按一定的顺序排列。单击所需排序字段的"排序"单元格,这时右边出现一个 按钮。单击 按钮,打开下拉列表框,从列表中选择一种排序方式:升序或降序。这里,我们在"出版社名称"字段对应的"条件"单元格内输入"="电子工业出版社""。同时,在"单价"字段对应的"排序"单元格中设置记录的排序方式为"升序"。如图 5-7 所示。注意:"="和""""都必须是半角字符。

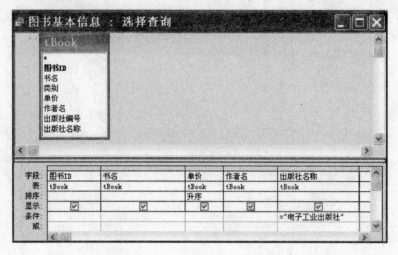

图 5-7　在"图书基本信息"查询中添加查询准则并设置排序

(8) 单击主窗口工具栏上的"运行"按钮 ,可弹出查询的结果。

(四) 实验体验

1. 实验题目

创建一个基于"tBook"表的"图书价格信息"的选择查询,并要求:

(1) 查询中应包含以下字段:"图书 ID","书名","类别"和"单价"。

(2) 在查询中要添加准则,以使得查询结果只显示类别为"JSJ"的图书价格信息。

(3) 对"单价"记录进行降序排序。

2. 实验要求

(1) 仿照以上实验案例的实现方法,完成本实验题目所要求完成的全部工作。

(2) 实验完成后,将创建的选择查询的最后截图,贴到实验报告中。

实验 6 Access 数据库的参数查询

(一) 实验目的

通过本实验,掌握 Access 2003 数据库参数查询的创建。

(二) 实验案例

在 Access 2003 数据库环境下,创建一个基于"图书销售. mdb"数据库中"tBook"表的参数查询,要求按照"图书 ID"查询书名和价格,其查询结果应如图 6-1 所示。

图 6-1 本实验案例要求的查询结果

(三) 实验指导

1. 主要知识点

本实验案例主要包括以下知识点:

在查询过程中自动修改查询的规则。当用户在执行参数查询时会显示一个对话框以提示用户输入信息,并根据用户输入的准则来检索符合相应条件的记录。

2. 实现步骤

具体实现步骤如下:

(1) 按照实验 7 中实验案例类似的操作方法,在查询"设计视图"中,创建一个基于"tBook"表的查询,该查询包含"图书 ID"、"书名"以及"价格"字段。

(2) 在作为参数使用的字段"条件"单元格中的方括号内,输入相应的提示文本。查询运行时,Access 将弹出该提示文本框。根据本案例,在字段"图书 ID"的"条件"行中输入"[输入图书 ID:]",如图 6-2 所示。

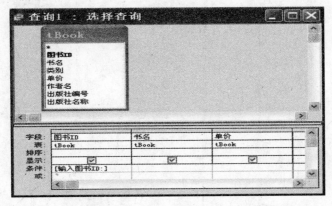

图 6-2 在"条件"行中输入参数"[输入图书 ID:]"

（3）单击主窗口工具栏中的"运行"按钮 ❗，可弹出查询的"输入参数值"文本框，如图 6-3 所示。

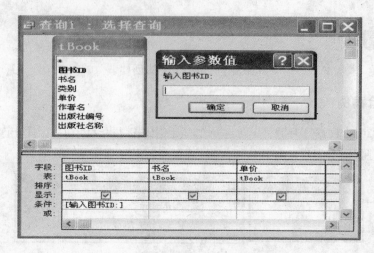

图 6-3　查询的"输入参数值"文本框

（4）根据文本框提示，输入图书 ID，然后单击"确定"按钮，即可显示查询结果。

（四）实验体验

1. 实验题目

创建一个基于"tBook"表的"图书作者信息"参数查询，并要求：

（1）查询中应包含以下字段："图书 ID"，"书名"和"作者名"。

（2）按照图书 ID 查询作者名。

2. 实验要求

（1）仿照以上实验案例的实现方法，完成本实验题目所要求完成的全部工作。

（2）实验完成后，将创建的参数查询的最后截图，贴到实验报告中。

实验 7　Access 数据库的交叉表查询

（一）实验目的

通过本实验,熟悉 Access 2003 数据库查询向导的使用,掌握交叉表查询的创建方法。

（二）实验案例

在 Access 2003 数据库环境下,创建一个基于"图书销售"数据库中"tBook"表的交叉表查询,要求统计书库中各出版社的图书数量及类别情况。其查询结果应如图 7-1 所示。

图 7-1　本实验案例要求的查询结果

（三）实验指导

1. 主要知识点

本实验案例主要包括以下知识点：
（1）查询向导的使用。
（2）使用"交叉表查询向导"创建交叉表查询时,创建交叉表查询的数据源必须来自于一个表或查询。如果数据源在不同的表或查询中,则应先建立一个查询,然后再以此查询作为数据源。

2. 实现步骤

具体实现步骤如下：
（1）双击打开"图书销售数据库",然后在"对象"列表框中单击"查询"选项。
（2）单击"新建"按钮 新建(N)，在弹出的"新建查询"对话框中,选择"交叉表查询向导"选项,单击"确定"按钮。
（3）在弹出的如图 7-2 所示的"交叉表查询向导"对话框（1）中,选择包含查询结果所需字段的表。这里选择"表：tBook",然后单击"下一步"按钮。
（4）在弹出的如图 7-3 所示的"交叉表查询向导"对话框（2）中,选择作为行标题的字段（行标题最多可选择三个字段）。根据本案例的要求,这里选择"可用字段"列表框中的"出版社名称"字段,单击 ＞ 按钮,将它添加到"选段字段"框中。然后,单击"下一步"按钮。
（5）在弹出的如图 7-4 所示的"交叉表查询向导"对话框（3）中,选择作为列标题的字段（列标题只能选择一个字段）。根据本案例的要求,为了在交叉表的每一列显示图书类别统计情况,可单击"类别"字段。然后,单击"下一步"按钮。
（6）在弹出的如图 7-5 所示的"交叉表查询向导"对话框（4）中,确定行、列交叉处所显示

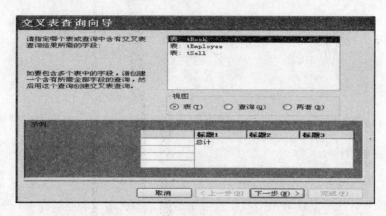

图 7-2　"交叉表查询向导"对话框(1)

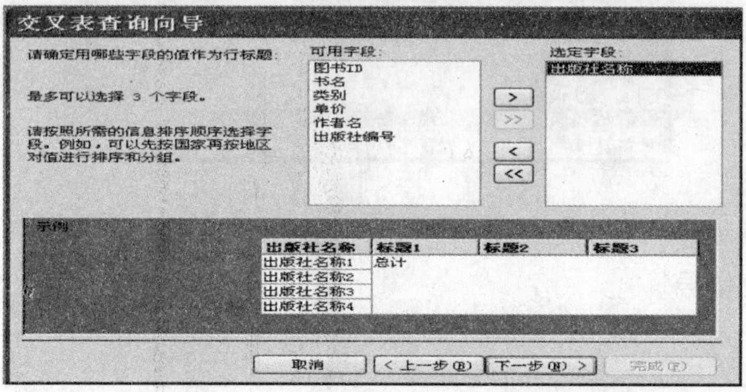

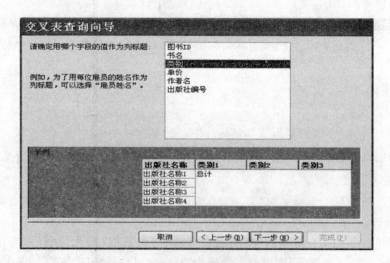

图 7-3　"交叉表查询向导"对话框(2)

图 7-4　"交叉表查询向导"对话框(3)

内容的字段。根据本案例,这里选择"字段"列表框中的"图书 ID"字段,在"函数"列表框中选择"计数"函数。若要在交叉表的每行前面显示总计数,还应选中"是,包括各行小计"复选框。然后,单击"下一步"按钮。

　　(7)在弹出的对话框的"请指定查询的名称"文本框中输入所需的查询名称,然后单击"查

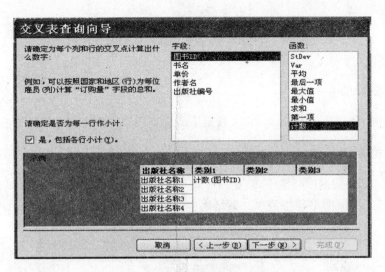

图 7-5 "交叉表查询向导"对话框(4)

看查询"选项按钮,再单击"完成"按钮,浏览查询结果。

(四) 实验体验

1. 实验题目

创建一个基于"图书销售"数据库中"tSell"表的"图书销售统计情况"交叉表查询,并要求:

(1) 以字段"图书 ID"作为行标题,字段"雇员 ID"作为列标题。

(2) 以列与行的交叉点计算图书销售数量的总和。

2. 实验要求

(1) 仿照以上实验案例的实现方法,完成本实验题目所要求完成的全部工作。

(2) 实验完成后,将创建的交叉表查询的最后截图,贴到实验报告中。

实验 8　Access 数据库的操作查询

(一) 实验目的

通过本实验，掌握基于 Access 2003 数据库多表查询和操作查询的创建方法。

(二) 实验案例

在 Access 2003 数据库环境下，创建一个基于“图书销售”数据库中“tBook”表和“tSell”表的操作查询，要求生成图书销售清单。其结果应如图 8-1 所示。

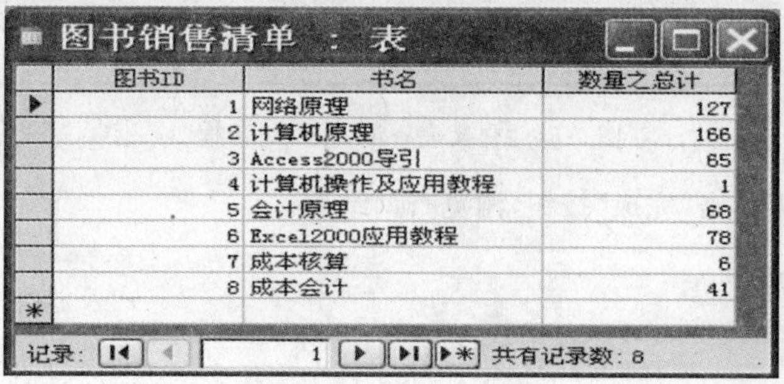
图书销售清单 : 表

图书ID	书名	数量之总计
1	网络原理	127
2	计算机原理	166
3	Access2000导引	65
4	计算机操作及应用教程	1
5	会计原理	68
6	Excel2000应用教程	78
7	成本核算	6
8	成本会计	41

记录: 1 共有记录数: 8

图 8-1　本实验案例要求的查询结果

(三) 实验指导

1. 主要知识点

本实验案例主要包括以下知识点：

(1) 建立多表查询前，必须在将要使用到的多表之间建立关系。

(2) 在查询中执行计算。

(3) 操作查询用于创建新表或者仅在一次操作中就能修改现有表中的数据。Access 2003 提供的操作查询有 4 种类型：生成表查询，更新查询，追加查询和删除查询。

2. 实现步骤

具体实现步骤如下：

(1) 双击打开“图书销售数据库”，然后在“对象”列表框中单击“查询”选项，得到创建查询方法选择项，如图 8-2 所示。

(2) 在右侧窗格中双击“在设计视图中创建查询”选项，或单击“设计”按钮 设计(D)，弹出“显示表”对话框。在弹出的如图 8-3 所示的查询“设计视图”中，添加“tBook”表和“tSell”表，并将查询结果要求显示的“图书 ID”、“书名”以及“数量”字段添加到“设计视图”下半部分的表格中。

(3) 在查询中执行计算的设计。根据本案例的要求，需要对图书的销售数量进行统计。为此，单击主窗口工具栏中的“总计”按钮 Σ，在“数量”字段的“总计”单元格中选择“总计”选项，如图 8-4 所示。

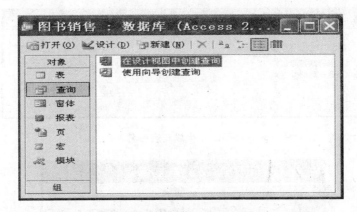

图 8-2　创建查询方法的选择项

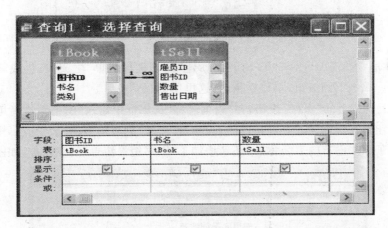

图 8-3　查询"设计视图"

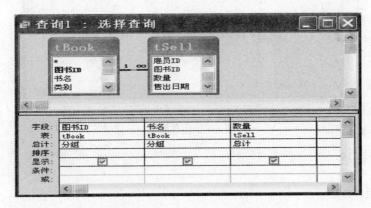

图 8-4　在查询中执行计算的设计

（4）依次单击菜单栏中的"查询"→"生成表查询"命令,弹出"生成表"对话框,完成生成新表的命名"图书销售清单",并确定生成表所属的数据库,单击"确定"按钮,如图 8-5 所示。

（5）单击工具栏上的"视图"按钮 ▦ ,预览"生成表查询"新建的表。如需修改,则可以再次单击"视图"按钮,返回到"设计视图"进行更改。

（6）单击工具栏上的"运行"按钮 ❗ ,弹出提示框,如图 8-6 所示。

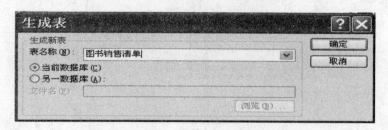

图 8-5　生成新表命名

图 8-6　提示框

（7）单击"是"按钮，Access 2003 将开始新建"图书销售清单"生成表，生成新表后不能撤销所做的更改。单击"否"按钮，不建立新表；这里单击"是"按钮。

（8）单击工具栏上的"保存"按钮，在"查询名称"文本框中输入"图书销售清单查询"，然后单击"确定"按钮保存所创建的查询。此时，若单击"对象"列表框中的"表"选项，则在右侧窗格中可以看到除了原来已有的表名称外，还新增加了"图书销售清单"的表名称，如图 8-7 所示。

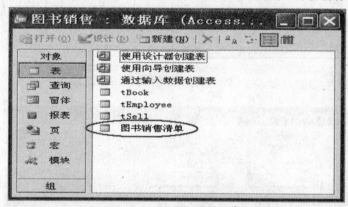

图 8-7　生成新表

（四）实验体验

1. 实验题目

创建一个基于"图书销售"数据库中"tEmployee"表和"tSell"表的"雇员图书销售情况"的生成表查询，并要求：

（1）查询中应包含以下字段："雇员 ID"，"姓名"和"数量"。

（2）查询中应统计每个雇员的图书销售量。

2. 实验要求

（1）仿照以上实验案例的实现方法，完成本实验题目所要求完成的全部工作。

（2）实验完成后，将创建的生成表查询的最后截图，贴到实验报告中。

实验 9　Access 数据库的窗体设计

（一）实验目的

通过本实验,掌握利用"窗体向导"和"自动创建窗体"向导创建窗体的方法和步骤;掌握利用"图表向导"创建图表窗体的方法和步骤;熟悉窗体的组成;掌握控件的建立及其常用属性的设置;掌握窗体中的数据处理方法。

（二）实验案例

由于好的应用软件一定要有好的窗体界面和方便用户使用才容易被用户所接受,因此,现要求根据实验 3 中建立的"图书销售"数据库的窗体,设计出如图 9-1、图 9-2 所示的"图书信息"和"销售情况查询"两个窗体,并进行查找和替换窗体数据、窗体记录排序、窗体数据筛选等工作。

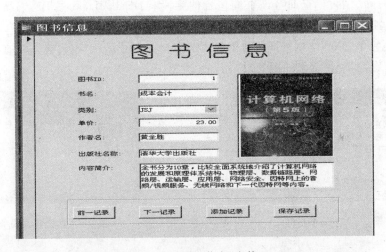

图 9-1　"图书信息"窗体

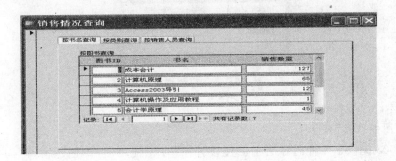

图 9-2　"销售情况查询"窗体

（三）实验指导

1. 主要知识点

本实验案例主要包括以下知识点:

（1）建立窗体及确定窗体数据源的方法。

（2）在窗体上添加控件及设置其属性的方法。

（3）窗体中数据的查找、替换、排序和筛选的方法。

2. 实现步骤

为了实现本实验案例的目标要求，可按以下 6 大步进行：

1）窗体设计准备

由于"图书信息"窗体的数据源为"tBook"表，而该表中没有照片字段，因此，在开始窗体设计之前，先要在"tBook"表中添加一个"照片"字段。

其操作步骤如下：

（1）启动 Access 2003，双击打开 "图书销售"数据库。

（2）在数据库窗口中，选择"表"对象下的"tBook"，单击数据库窗口工具栏上的"设计"按钮 ✎ **设计(D)**，打开 "读者信息"的表设计器。添加字段名称"照片"，以及数据类型"OLE 对象"。然后，保存并退出。

（3）创建一个"销售单查询"，该查询包含的字段有：tSell. ID，图书 ID，书名，类别，单价，数量，折扣，姓名，售出日期，应收金额。

（4）将"销售单查询"作为查询的数据源，创建"按图书查询"、"按销售人员查询"、"按图书类别查询"3 个查询，查询结果如图 9-3～图 9-5 所示。

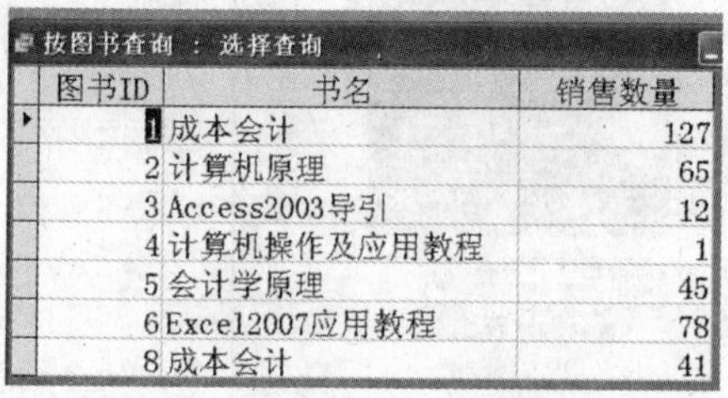

按图书查询：选择查询		
图书ID	书名	销售数量
1	成本会计	127
2	计算机原理	65
3	Access2003导引	12
4	计算机操作及应用教程	1
5	会计学原理	45
6	Excel2007应用教程	78
8	成本会计	41

图 9-3　按图书查询

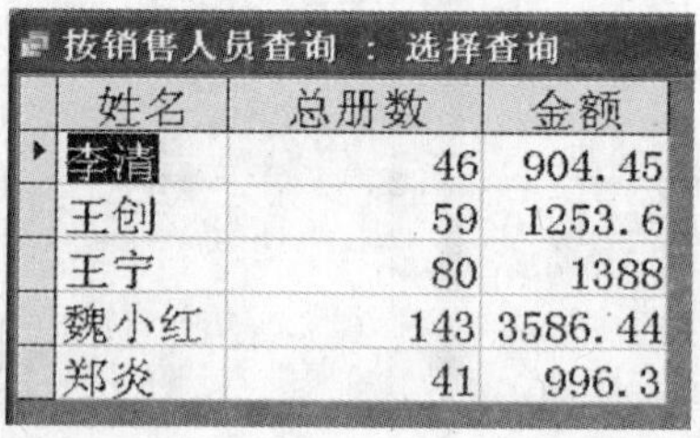

按销售人员查询：选择查询		
姓名	总册数	金额
李清	46	904.45
王创	59	1253.6
王宁	80	1388
魏小红	143	3586.44
郑炎	41	996.3

图 9-4　按销售人员查询

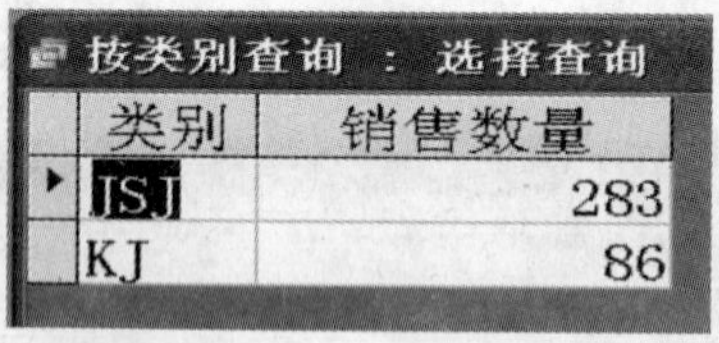

按类别查询：选择查询	
类别	销售数量
JSJ	283
KJ	86

图 9-5　按图书类别查询

至此，窗体设计准备就绪。

2）设计"图书信息"窗体

Access 2003 提供了 5 种向导用于创建设计窗体：①使用"自动创建窗体"向导创建纵栏式、表格式或数据表窗体；②使用"窗体向导"选择布局和样式来创建窗体；③使用"自动窗体"向导创建数据透视表或数据透视图窗体；④使用"图表向导"创建图表窗体；⑤使用"数据透视表向导"专门创建数据透视表窗体。显然，后 3 种向导此例不便引用。因此，可以使用前两种向导快速设计窗体，然后再在窗体设计视图中对该窗体作进一步的编辑加工。

这里，使用"自动创建窗体"向导直接在设计视图中设计"图书信息"窗体，其实现步骤如下：

A）打开窗体设计视图

在"图书销售"数据库窗口下,选择"窗体"对象,双击"在设计视图中创建窗体";或者单击工具栏上的"新建"按钮 新建(N)，在"新建窗体"对话框中,双击"设计视图"选项,都可以打开窗体的设计视图。一般而言,打开窗体设计视图后,屏幕上会显示"工具箱",如果没有显示"工具箱",则可以执行菜单"视图"下的"工具箱"命令,或者单击"窗体设计"工具栏上的"工具箱"按钮 。

B）确定窗体的数据源

单击"窗体设计"工具栏中的"属性"按钮 ，弹出窗体属性窗口,如图 9-6 所示。在"数据"选项卡下的"记录源"下拉列表框中,选择当前数据库中的"tBook"表,此时,屏幕上会出现"tBook"表的字段列表框,其中包含表中的所有字段。

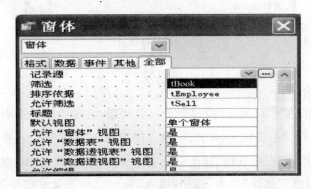

图 9-6　窗体属性窗口

C）在窗体上添加控件

从"tBook"的字段列表框中依次选择"图书 ID"、"书名"、"类别"、"单价"、"作者名"、"出版社"、"内容简介"和"照片"字段,并将其拖放到设计视图主体节中的合适位置。Access 根据字段的类型自动生成相应的控件,并在控件和字段之间建立关联。

单击工具栏上的"标签"按钮,在窗体上拖曳鼠标添加一个标签,并在标签文本框中输入"图书信息"。

D）调整控件

如果需要设置控件的属性,可先在窗体上单击某个控件,再单击工具栏上的"属性"按钮 ，可弹出该控件的属性窗口(注意:不同的控件包含不同的属性)。然后,进行以下操作:

（1）在标签的"属性"窗口中,修改标签"图书信息"的属性"字体名称"为"幼圆","字号"为"28"。然后,再依次执行菜单"格式"→"大小"→"正好容纳"命令,使标签为合适大小。

（2）调整主体节中各控件为适当大小。

（3）调整主体节中各控件在适当位置。按住 Shift 键,依次单击左边第 1 列的各个标签控件,选中左列所有控件,即先依次单击菜单"格式"→"垂直间距"→"相同"命令,再依次单击菜单"格式"→"对齐"→"靠左"命令;然后再选择第 2 列的各个标签控件,并依次单击菜单"格式"→"对齐"→"靠左"命令。

E）创建"类别"组合框

具体操作步骤如下:

（1）右键单击显示类别值的文本框,在弹出的菜单中选择"更改为|组合框"选项卡。

（2）右键单击该组合框，在弹出的菜单中选择"属性"选项卡。

（3）在弹出的如图 9-7 所示的"类别"属性对话框中，选择"数据"选项卡，将"行来源类型"设置为"表/查询"，"行来源"设置为"select distinct "。

图 9-7　"类别"属性对话框

F）在窗体页脚中添加命令按钮

具体操作步骤如下：

（1）先确保工具箱的"控件向导"按钮处于选中状态，再选择工具箱中的"命令按钮"控件。在窗体的合适位置单击鼠标，可弹出"命令按钮向导"对话框（1），在其中的"类别"框中选择"记录导航"，在"操作"框中选择"转至前一项记录"。单击"下一步"按钮，可弹出"命令按钮向导"对话框（2），在框中选择"文本"选项，输入"前一记录"，表示命令按钮上显示"前一记录"文本字样。单击"下一步"按钮，在弹出的"命令按钮向导"对话框（3）中，为按钮指定名称为"previous"，单击"完成"按钮。用类似的方法，创建"后一记录"的命令按钮，其指定名称为"next"。

（2）增加"添加记录"命令按钮：在向导对话框的"类别"框中选择"记录操作"，在"操作"框中选择"添加新记录"，为该按钮指定名称为"addr"。

（3）增加"保存记录"命令按钮：在向导对话框的"类别"框中选择"记录操作"，在"操作"框中选择"保存记录"，为该按钮指定名称为"saver"。

命令按钮添加完以后，拖曳鼠标框选所有命令按钮控件，依次执行菜单"格式"→"水平间距"→"相同"命令后，再依次执行菜单"格式"→"对齐"→"靠上"命令或"向下"命令。

G）美化窗体

具体操作步骤如下：

（1）设置窗体属性：单击设计视图左上角的窗体选定器，选择工具栏上的"属性"按钮，在窗体属性窗口中设置"标题"为"图书信息"，并将"记录选择器"、"导航按钮"和"分隔线"属性均设置为"否"，即不被显示。

（2）添加矩形控件：选择工具箱中的"矩形"控件按钮，创建一个矩形控件框住窗体页脚中的所有命令按钮。

（3）添加照片：切换到窗体设计视图，将光标定位到第 1 条记录的"绑定对象框：照片"控件上，依次执行菜单"插入"→"对象"命令，或单击鼠标右键，在弹出的快捷菜单中选择"插入对象"命令，出现插入图片的对话框。在该对话框中选择"由文件创建"选项，在"文件"框中输入或点击"浏览"按钮确定照片所在的位置，并选中"链接"复选框，然后单击"确定"按钮，此时可以看到照片的效果。切换到设计视图,设置图片的"缩放模式"属性为"缩放",再调整该控件到合适的大小。

H) 保存窗体

保存窗体,为窗体命名为"图书信息"。至此,"图书信息"窗体设计结束。

此时,在数据库窗口下,双击"窗体"对象下的"图书信息"对象,则该窗体在"窗体视图"下被打开。用户可以借助下方的"前一记录"、"后一记录"命令按钮浏览不同的记录,并可以对记录进行修改。还可以使用"删除记录"、"添加记录"命令按钮分别对窗体中的记录进行删除和添加等编辑工作。编辑工作结束后,可使用"保存记录"命令按钮作保存操作。

3) 设计"销售情况查询"窗体

具体操作步骤如下:

(1) 选择"窗体"对象,单击工具栏上的"新建"按钮 新建(N),在"新建窗体"对话框中,双击"自动创建窗体:表格式"选项,在下面的数据源下拉列表框中选择"按图书查询",创建"按图书查询窗体",如图 9-8 所示。

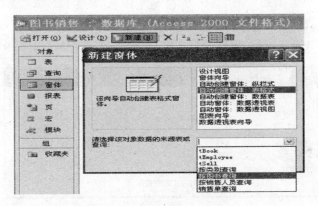

图 9-8　"新建窗体"对话框

(2) 重复步骤(1),分别以"按销售人员查询"和"按图书类别查询"作为数据源创建表格式窗体。

(3) 选择"窗体"对象,单击工具栏上的"新建"按钮 新建(N),在"新建窗体"对话框中,双击"设计视图"选项,都可以打开窗体的设计视图。

(4) 在"工具箱"中单击"选项卡控件"在窗体主体节上用鼠标拖曳出一个"选项卡"。

(5) 在"选项卡"上单击右键,在弹出的菜单中选择"插入页",为选项卡增加一页。

(6) 修改选项卡"页"标题,分别为"按图书查询"、"按类别查询"、"按销售人员查询"。

(7) 单击第 1 个页标签,确保"控件向导"被选中,在"工具箱"中单击"子窗体/子报表"控件,弹出如图 9-9 所示的"子窗体向导"对话框,在对话框中选择"使用现有的窗体",在列表框中选择"按图书查询"。单击"下一步"按钮,输入窗体名,最后单击"完成"按钮。

至此,"销售情况查询"窗体设计结束。

4) 查找和替换窗体数据

如果要查找以"计算机"开头的图书信息,则其操作步骤如下:

(1) 在"图书信息"窗体视图下,使"书名"文本框成为焦点,执行"编辑"菜单中的"查找"命令,或者单击"窗体设计"工具栏中的"查找"按钮 ,打开"查找和替换"对话框。

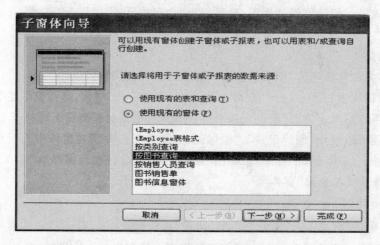

图 9-9　"子窗体向导"对话框

（2）在"查找和替换"对话框的"查找内容"框中输入"计算机"，在"查找范围"列表框中选择"书名"，"匹配"列表框中选择"字段开头"，"搜索"列表框中选择"全部"，如图 9-10 所示。如果需要严格区分格式，则选定"按格式搜索字段"复选框，此处不需要作这个限定。

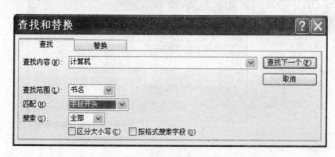

图 9-10　"查找和替换"对话框

（3）单击"查找下一个"按钮，将显示第 1 个以计算机开头的书名记录，再单击"查找下一个"按钮，将显示第 2 个符合条件的记录……

要注意的是，查找之前，一定要使查找的字段控件成为焦点，只有这样，在"查找范围"列表框中才会有该字段名称。如果需要作替换操作，则继续在"替换"选项卡下作定义。

5）窗体记录排序

打开某个窗体后，如果需要按照某个字段的顺序显示记录，则单击"记录"菜单下的"排序"选项，在子菜单中选择"升序排序"或"降序排序"命令；或者，先使排序所依据的字段成为焦点，再单击"窗体视图"工具栏中的"升序排序"按钮 ⧎ 或"降序排序"按钮 ⧎ 作排序操作。

如果依据多个字段设置窗体的记录顺序，则依次执行菜单"记录"→"筛选"→"高级筛选/排序"命令，在弹出的筛选窗口中定义排序的依据。例如，若要求按照"院系"降序排序，而当院系相同时，再按照"图书证号"升序排序，则排序设置如图 9-11 所示。此时，可使用"应用筛选"按钮 ⧎ 查看排序结果。

6）筛选窗体数据

对窗体记录进行筛选有 5 种方法："按窗体筛选"、"按选定内容筛选"、"内容排除筛选"、使用"筛选目标"筛选、使用"高级筛选/排序"进行筛选。下面以"图书信息"窗体为例，分别举例

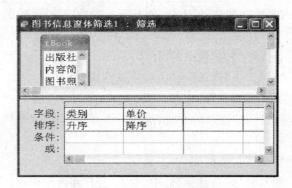

图 9-11 排序设置窗口

说明。

【例 9.1】 使用"按窗体筛选"的方法,筛选"清华大学出版社"或"电子工业出版社"的所有"jsj"图书。

其操作步骤如下:

(1) 依次单击菜单"记录"→"筛选"→"按窗体筛选"命令,弹出"按窗体筛选"窗口,如图 9-12所示。窗体中没有任何字段值,选定"类别"框中的"JSJ"值,再选择"出版社"框中的"清华大学出版社"。

(2) 单击窗口下方的第 1 个"或"选项卡,再次选定"类别"框中的"JSJ"值,选择"出版社"框中的"电子工业出版社"。

(3) 单击"窗体视图"工具栏中的"应用筛选"按钮 ▼,在窗体视图下查看到筛选结果,用"后一记录"依次浏览符合筛选条件的记录。

若要重新设置筛选或显示所有记录,则单击工具栏上的"取消筛选"按钮 ▼(当应用筛选生效后,该按钮名称为"取消筛选")。

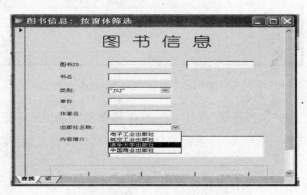

图 9-12 "按窗体筛选"窗口

【例 9.2】 使用"按选定内容筛选"的方法,筛选"书名"值开头为"计算机"的图书信息。

其操作步骤如下:

(1) 在窗体视图下,选择"书名"字段值"计算机原理"中的部分值"计算机"。

(2) 依次执行菜单"记录"→"筛选"→"按选定内容筛选"命令。

(3) 在窗体视图中可查看到筛选结果是:书名值为"计算机原理"、"计算机应用教程"的 2 条记录。

【**例 9.3**】　使用"内容排除筛选"的方法,筛选所有的非"JSJ"类的图书信息。

其操作步骤如下:

(1) 在窗体视图下,选择"类别"框中的"JSJ"。

(2) 依次执行菜单"记录"→"筛选"→"内容排除筛选"命令。

在窗体中只显示类别不是"JSJ"的记录。

【**例 9.4**】　使用"筛选目标"筛选的方法,筛选出所有的类别为"JSJ"的图书信息。

其操作步骤如下:

(1) 在窗体视图的"类别"文本框处,右击鼠标。

(2) 在弹出的快捷菜单的"筛选目标"框中,输入"JSJ"并回车即可。

【**例 9.5**】　使用"高级筛选/排序"筛选的方法筛选"清华大学出版社"或"电子工业出版社"的所有"价格＞25"的图书信息,并按"书名"的降序排列。

其操作步骤如下:

(1) 打开"图书信息"窗口,依次执行菜单"记录"→"筛选"→"高级筛选/排序"命令,弹出如图 9-13 所示的高级"筛选"窗口。其中,窗口的上方显示了"图书信息"表及相应的字段,窗口的下方可以添加筛选和排序字段。此时,可在下方网格的第 1 列,选择"书名"字段,并选择"降序"排序方式;在第 2 列选择"单价"字段,并在该列的第 3 行和第 4 行均输入"＞25";在第 3 列选择"出版社名称"字段,并在该列的第 3 行输入"清华大学出版社",第 4 行输入"电子工业出版社",如图 9-13 所示。

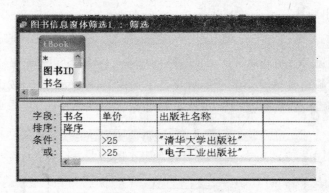

图 9-13　高级"筛选"窗口

(2) 单击工具栏上的"应用筛选"按钮 ▽ ,在窗体视图下,用"后一记录"按钮依次浏览符合筛选条件的记录,其排列顺序按"图书证号"的降序排列。或者在"数据表视图"下查看筛选结果。

若还要做其他操作,则应先打开窗体视图,依次单击菜单"记录"→"取消筛选/排序"命令,从而可使其他操作也针对所在窗体的记录。

(四) 实验体验

1. 实验题目

根据"图书销售"数据库中的"图书信息"表建立两个"图书档案信息"窗体,如图 9-14 和 9-15 所示(图中信息为示例,请自行在表中增加没有的字段),并要求:

(1) 在"图书档案信息"窗体的主体节中创建包含两页的选项卡控件,分别为选项卡设置标题为"基本信息"和"其他信息"。

（2）在"基本信息"选项卡下，创建"书目编号"等控件（参见图 9-14）；在"其他信息"选项卡下，创建"出版社"等控件（参见图 9-15）。

（3）在组合框向导的提示下，为"类别"字段创建组合框控件，并删除其相应的文本框控件。

（4）在"基本信息"选项卡下，创建图像控件，即添加一副适当大小的图片文件。

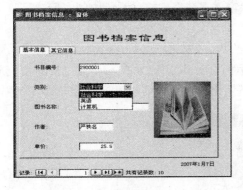 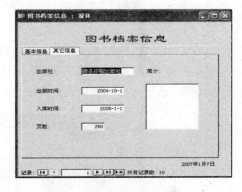

图 9-14　"图书档案信息"窗体（1）　　　　　　图 9-15　"图书档案信息"窗体（2）

（5）调整控件的位置、大小、对齐等格式。

（6）设置窗体的页眉页脚：执行菜单"视图"下的"窗体页眉/页脚"命令，在窗体页眉中添加"图书档案信息"标签，其格式为隶书、22 号，标签大小正好容纳标签标题；在窗体页脚中添加日期。

（7）设置页面的页眉页脚：执行菜单"插入"→"页码"命令，使页码位于页面页脚底端，以居中方式显示。在成对出现页面页眉和页面页脚节后，调整两节的高度，使页面页眉节的高度为 0。

（8）设置窗体的属性：在窗体的属性窗口中，设置窗体中不显示"记录选择器"和"分隔线"。

（9）保存窗体，并为窗体命名"图书档案信息"。

2. 实验要求

（1）仿照以上实验案例的实现方法，创建两个本实验题目所要求的窗体。

（2）实验完成后，将创建的两个窗体的最后截图，贴到实验报告中。

实验 10　Access 数据库的主-子窗体设计

（一）实验目的

通过本实验,掌握主-子窗体的方法和步骤;熟悉窗体在数据库应用系统中的实现过程。

（二）实验案例

根据实验 3 中建立的"图书销售.mdb"数据库中的"tBook","tEmployee"和"tSell"表,创建一个包含"销售人员销售明细"子窗体的"销售人员主窗体",其效果如图 10-1 所示。

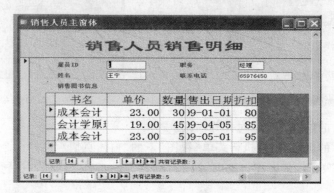

图 10-1　包含"销售人员销售明细"子窗体的"销售人员主窗体"

（三）实验指导

1. 主要知识点

本实验案例主要包括以下知识点:
（1）主-子窗体的结构。
（2）熟悉主-子窗体在数据库应用系统中的实现过程。

2. 实现步骤

创建销售人员主-子窗体可以使用两种方法:一是在创建主窗体的同时创建子窗体;二是先建立子窗体,再将该子窗体插入到创建的主窗体中。这里使用前一种方法实现,即先使用窗体向导的方法同时创建主-子窗体,然后到设计视图中作进一步的设计。

具体实现步骤如下:

（1）启动窗体向导:打开 Access 数据库"图书销售"窗口,单击窗体对象,双击"使用向导创建窗体",弹出"窗体向导"对话框(1),如图 10-2 所示。

（2）确定数据源:在"窗体向导"对话框(1)的"表/查询"栏的下拉列表框中,可查到窗体的数据源来自于三张表:tBook,tEmployee,tSell。即

（a）在"表/查询"下拉列表框中选择"表:tEmployee",并将"雇员 ID"、"姓名"、"职务"、"联系电话"4 个字段添加到"选定的字段"框中。

（b）再次在"表/查询"下拉列表框中选择"表:tBook",并将"书名"、"单价"字段添加到"选定的字段"框中。

（c）再在"表/查询"下拉列表框中选择"表：tSell"，并将"数量"、"售出日期"和"折扣"3个字段添加到"选定的字段"框中。

（4）单击"下一步"按钮，弹出"窗体向导"对话框（2），如图10-3所示。

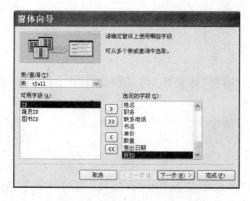

图10-2　"窗体向导"对话框（1）

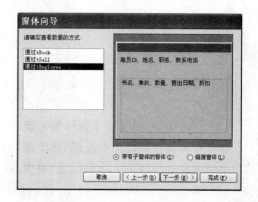

图10-3　"窗体向导"对话框（2）

（5）选择查看数据的方式：查看数据的方式有三种，即通过读者信息、通过借阅信息和通过图书档案。这里选择"tEmployee"查看数据，并选择"带有子窗体的窗体"选项。单击"下一步"按钮。

（6）确定子窗体的布局：在弹出的对话框中，要求用户选择子窗体的布局。这里选择默认的"数据表"布局，单击"下一步"按钮。

（7）确定样式：在弹出对话框中，要求用户选择窗体的样式。这里选择一种样式，单击"下一步"按钮。

（8）指定主-子窗体标题：在弹出的如图10-4所示的"窗体向导"对话框（3）中，要求用户为窗体指定标题。这里分别为主窗体和子窗体添加标题："销售人员主窗体"和"销售图书信息子窗体"，并选择"修改窗体设计"单选项，单击"完成"按钮。

（9）窗体向导结束，系统可弹出创建的"销售人员主窗体：窗体"的设计视图，如图10-5所示。

图10-4　"窗体向导"对话框（3）

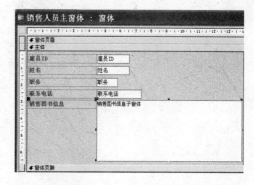

图10-5　"销售人员主窗体：窗体"的设计视图

（10）设置窗体页眉：在窗体页眉节中，添加标签控件。选择工具栏上的"标签"控件按钮 Aa ，在窗体页眉节的合适位置单击，输入"销售人员销售明细"。

修改标签属性的"字体名称"为"隶书"，"字号"为"22"，"特殊效果"为"凸起"。然后，依次执行菜单"格式"→"大小"→"正好容纳"命令，使标签为合适大小。

(11) 调整控件、美化窗体：切换到窗体视图查看主-子窗体的效果。当返回到设计视图时，子窗体中显示出具体控件，然后做进一步的细节调整。

(12) 保存窗体设计，在窗体视图下查看创建的主-子窗体，其效果如图 10-1 所示。

（四）实验体验

1. 实验题目

根据你在实验 3 中实验体验部分所建立的"服装销售"数据库，为其创建一个主-子窗体。其中：

(1) 主窗体为纵栏式，子窗体为表格式，并能显示数据。

(2) 在窗体中创建命令按钮，用于浏览记录。

(3) 调整各控件的大小和位置，要美观、大方。

(4) 在主窗体的属性窗口中，将"记录选择器"、"导航按钮"和"分隔线"属性均设置为"否"，即不被显示；在子窗体的属性窗口中，设置"导航按钮"属性为"否"。

2. 实验要求

(1) 仿照以上实验案例的实现方法，创建一个本实验题目所要求的主-子窗体。

(2) 实验完成后，将创建的主-子窗体的最后截图，贴到实验报告中。

实验 11　Access 数据库面板和菜单的切换操作

(一) 实验目的

通过本实验,掌握切换面板窗体的创建方法;掌握菜单的创建方法。

(二) 实验案例

根据前面已建立的"图书销售"数据库,创建一个如图 11-1 所示的"图书销售"切换面板窗体和一个如图 11-2 所示的"图书销售菜单"系统窗体,以便能将多个窗体连贯在一起,方便用户选择执行应用程序的功能或者使用应用程序的命令。

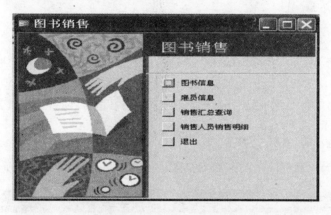

图 11-1　"图书销售"切换面板窗体

图 11-2　"图书销售菜单"系统窗体

(三) 实验指导

1. 主要知识点

本实验案例主要包括以下知识点:

(1) 切换面板窗体的创建方法及其作用。

(2) 菜单系统窗体(包括主菜单、子菜单、快捷菜单及其有关的命令或程序)的创建方法及其作用。

2. 实现步骤

为了实现本实验案例要求的目标,可按以下两大步进行:

1) 创建切换面板窗体

要创建如图 11-1 所示的切换面板窗体,可分以下两步进行:

A) 创建初始切换面板窗体

具体实现步骤如下：

(1) 在"图书销售"数据库窗口中，单击菜单"工具"下的"数据库实用工具"命令，在子菜单中选择"切换面板管理器"命令。如果是第 1 次创建切换面板，则会出现一个询问是否创建切换面板的对话框，选择"是"按钮，系统会弹出"切换面板管理器"窗口，如图 11-3 所示。

图 11-3　"切换面板管理器"窗口

(2) 单击"新建"按钮，在弹出对话框的"切换面板页名"文本框内输入"图书销售"。单击"确定"按钮。此时，在"切换面板管理器"窗口添加了了"教学管理系统"项。

(3) 单击"图书销售"，再单击"创建默认"，这时"图书销售"切换面板页被设置为默认打开面板，如图 11-3 所示。

(4) 选中"图书销售（默认）"选项，单击"编辑"按钮，弹出"编辑切换面板页"对话框。

(5) 再单击"新建"按钮，弹出"编辑切换面板项目"对话框，如图 11-4 所示。

图 11-4　"编辑切换面板项目"对话框

(6) 在"编辑切换面板项目"对话框的"文本"框内输入"图书信息"，在"命令"下拉列表框中选择"在'编辑'模式下打开窗体"，在"窗体"下拉列表框中选择已创建的"图书信息窗体"，单击"确定"按钮，回到"编辑切换面板页"对话框。

(7) 此时，"编辑切换面板页"对话框中已经有了一个"图书信息"项目。重复步骤(5)和步骤(6)，新建"雇员信息"项目，使其联系窗体"tEmployee"；新建"销售汇总查询"项目，使其联系"销售情况查询"窗体；新建"销售人员销售明细"项目，使其联系窗体"销售人员主窗体"。此时，"编辑切换面板页"下产生了 4 个项目，如图 11-5 所示。

(8) 在图 11-5 中再次单击"新建"按钮，在"编辑切换面板项目"对话框的"文本"框内输入"退出系统"，在"命令"下拉列表框中选择"退出应用程序"，如图 11-6 所示。

(9) 单击"确定"按钮，回到如图 11-5 所示的"编辑切换面板页"对话框。

(10) 单击"关闭"按钮，返回到"切换面板管理器"窗口。然后，单击"关闭"按钮，初始切换面板窗体的创建工作完成。

此时，在数据库窗口的"窗体"对象下，双击打开"切换面板"窗体，将出现如图 11-7 所示的初始切换面板窗体。

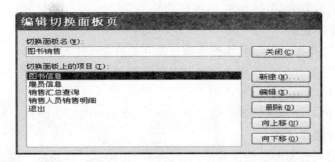

图 11-5 "编辑切换面板页"对话框

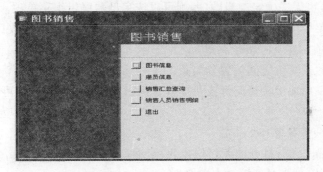

图 11-6 "编辑切换面板项目"对话框

图 11-7 "图书销售"初始切换面板窗体

B) 修改初始切换面板窗体

具体操作步骤如下：

（1）在"窗体"对象中，双击"切换面板"，打开切换面板窗体。

（2）转换到设计视图，在其左侧右击鼠标，在弹出的菜单中选择"属性"，弹出图像属性对话框，如图 11-8 所示。

图 11-8 图像属性对话框

（3）在图像属性对话框中设置图片的位置，并为窗体添加图片。

添加图片后的切换面板窗体如图 11-1 所示。

2）创建菜单系统窗体

菜单系统包括主菜单、子菜单、快捷菜单及其有关的命令或程序。

应用程序的实用性在一定程度上取决于菜单系统的质量。花费一定时间规划好菜单，有助于用户学习和使用菜单。

创建菜单系统的一般步骤如下：

A）规划与设计菜单系统

在这一步中，要明确需要哪些主菜单，出现在界面的何处，以及哪些主菜单要需有什么子菜单，等等。通常，在规划与设计菜单系统时，应遵循以下几项原则：

（1）按照用户所要执行的任务或功能组织系统，而不要按应用程序的层次组织系统，以便用户只要查看菜单和菜单项，就能够对应用程序的功能和组织方法有一个感性认识。要设计好这些菜单和菜单项，必须首先了解、分析用户的需求，然后设计系统的功能模块、业务流程和数据流程，乃至菜单、数据库、表、窗体、报表和程序模块，最后还要反复调试修改。

（2）给每个菜单项确定一个有意义的菜单名称。

（3）按照估计的菜单项所使用频率、逻辑顺序或字母顺序组织菜单项。如果不能预计菜单项所出现的频率，也无法确定逻辑顺序，则可以按字母顺序组织菜单项。

（4）将菜单上菜单项的数目限制在一个屏幕之内。如果菜单项的数目超过了一屏，则应为其中的一些菜单项创建下一级子菜单。

（5）在菜单项的逻辑组之间放置分隔条。

（6）为菜单和菜单项设置访问键或快捷键。例如，组合键“Alt＋F”可以作为“文件”菜单的快捷键。

B）创建主菜单、子菜单

（1）启动 Access 2003，打开前面已创建的“图书销售”数据库窗口，如图 11-9 所示。然后，依次单击菜单“视图”→“工具栏”→“自定义”命令。

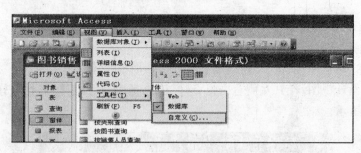

图 11-9　“图书销售”数据库窗口

（2）在弹出的如图 11-10 所示的“自定义”对话框（1）中，单击“新建”按钮。在弹出的“新建工具栏”对话框中，输入“工具栏名称”为“图书销售菜单”，单击“确定”按钮。

（3）在弹出的如图 11-11 所示的“自定义”对话框（2）中，选择“图书销售菜单”，单击“属性”按钮。

（4）在弹出的如图 11-12 所示的“工具栏属性”对话框中，选择“类型”为“菜单栏”，并选择“在工具栏菜单上显示”。单击“关闭”按钮，出现新建的“图书销售菜单”栏，如图 11-13 所示。

（5）将图 11-13 中的菜单栏，拖到 Access 2003 系统菜单的下方（变成一长条空白行），如

图 11-10 "自定义"对话框(1)

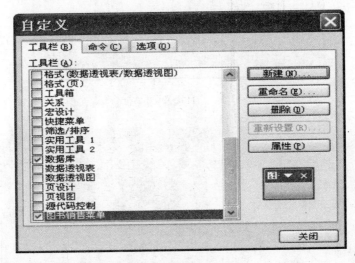

图 11-11 "自定义"对话框(2)

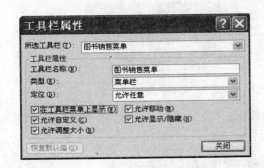

图 11-12 "工具栏属性"对话框

图 11-13 新建的"图书销售菜单"栏

图 11-14。

(6) 在如图 11-15 所示的"自定义"对话框(3)中,选择"命令"选项卡,将"类别"框的滚动条移到最下方,然后选择"新菜单"选项,并拖到空白菜单栏上。

(7) 右击"新菜单",显示快捷菜单如图 11-16 所示。在"命名"处将"新菜单"改为"基本信息"。单击屏幕空白处,以便关闭快捷菜单,但不要关闭"自定义"对话框。

图 11-14　空白菜单栏

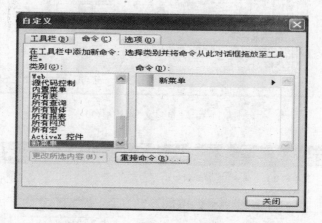

图 11-15　"自定义"对话框(3)

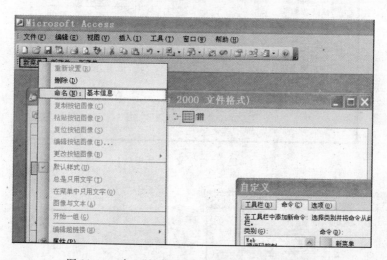

图 11-16　建立"新菜单"项并且命名为"基本信息"

(8) 重复步骤(7),逐个建立"新菜单",并且将"命名"改为"汇总查询"和"明细查询",以便建立由这三个菜单项组成的新菜单栏,如图 11-17 所示。

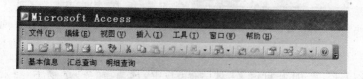

图 11-17　建立的新菜单栏

(9) 在如图 11-18 所示的"自定义"对话框(4)中,选择"命令"选项卡,再选择"所有窗体"。此时,在右边列表框就会出现窗体的名称,以便下面用一个个子菜单显示这些窗体,即创建一条条显示窗体的命令。

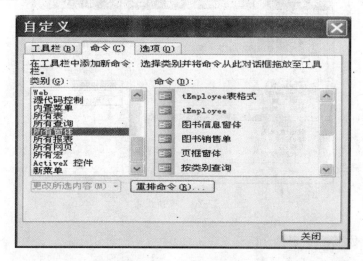

图 11-18　"自定义"对话框(4)

（10）建立"基本信息"菜单下的子菜单：在"自定义"对话框(4)中，选择"图书信息窗体"，并将其拖到"基本信息"菜单项下面；选择"tEmployee 表格式"，并将其拖到"雇员基本信息"菜单项下面；以此类推，可建立"基本信息"菜单下的子菜单，如图 11-19 所示。重复本步骤，逐个建立"汇总查询"和"明细查询"菜单下的子菜单。创建完毕后，关闭"自定义"对话框。

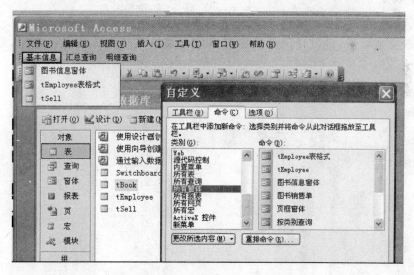

图 11-19　"基本信息"菜单下的子菜单

在创建菜单系统时，还可以将 Access 2003 系统菜单中的内置（系统本身已有的）菜单，有选择地逐个拖放到自定义菜单中，以增强自定义菜单的功能。

注意：当系统菜单中的某些菜单拖到自定义菜单中后，系统中就会不存在这些菜单了。但可以在"工具栏"选项卡中，选中"数据库"复选框，单击"重新设置"，如图 11-20 所示。然后，再选中"菜单栏"复选框，单击"重新设置"，以便保证系统的原有菜单和工具栏不丢失。

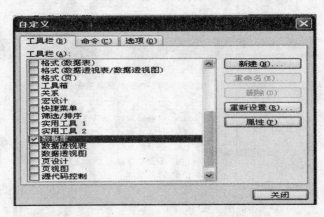

图 11-20　重新设置

（四）实验体验

1. 实验题目

参照实验案例中创建切换面板窗体和菜单系统窗体的方法，为你在实验 3 的实验体验中所建立的"服装销售"数据库，设计一个切换面板窗体和一个菜单系统窗体，并要求美观、实用。

2. 实验要求

（1）仿照以上实验案例的实现方法，完成本实验题目所要求完成的全部工作。

（2）实验完成以后，将设计的切换面板窗体和菜单系统窗体的最后截图，贴到实验报告中。

实验 12　Access 数据库报表的创建

（一）实验目的

通过本实验，熟悉和掌握使用"自动创建报表"、"报表向导"、"设计视图"3 种方法创建报表；熟悉和掌握报表页眉/报表页脚、主体等各节的作用，查看各节内容的显示效果；熟悉和掌握添加控件、设置控件属性，编辑报表等。

（二）实验案例

某图书销售公司的人事部门要为每个雇员创建雇员信息卡，以便于联系和管理。雇员的基本信息已保存在"图书销售"数据库的 tEmployee 表中，现要求利用报表功能制作一张如图 12-1 所示的雇员信息卡报表。

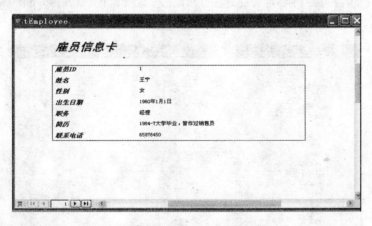

图 12-1　雇员信息卡报表

（三）实验指导

1. 主要知识点

（1）报表的构成，创建报表的方法。

（2）报表页眉/报表页脚、主体节及其显示效果。

（3）控件、设置控件属性，编辑报表。

2. 实现步骤

这里使用"自动创建报表"的功能快速创建"雇员信息卡"初始报表，然后再切换到设计视图中进行修改，并可按以下两大步进行：

1）使用"自动创建报表"创建"雇员信息卡"初始报表

其具体实现步骤如下：

（1）双击打开"图书销售"数据库窗口，选择"报表"对象，如图 12-2 所示。

（2）单击"数据库"窗口工具栏上的"新建"按钮，弹出"新建报表"对话框，如图 12-3 所示。

（3）在弹出的"新建报表"对话框中，选择"自动创建报表：纵栏式"选项，在下方的列表框

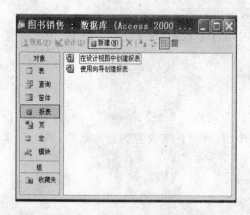

图 12-2　"图书销售"数据库窗口

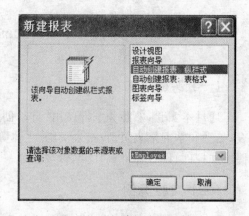

图 12-3　"新建报表"对话框

中选择"tEmployee"表作为数据源。

（4）单击"确定"按钮，向导自动创建一个如图 12-4 所示的"tEmployee"纵栏式初始报表对话框。该报表包含"tEmployee"雇员表中的所有字段。

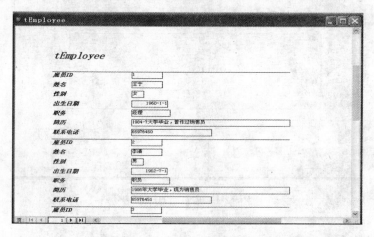

图 12-4　"tEmployee"纵栏式初始报表对话框

2）使用"设计视图"修改"雇员信息卡"初始报表

其具体实现步骤如下：

（1）单击工具栏上的"设计"按钮，切换到报表的"设计视图"下，如图 12-5 所示。单击"文件"菜单下的保存命令，出现"另存为"对话框，输入报表名称"雇员信息卡"。

（2）修改报表标题标签：选择报表页眉节中的"tEmployee"标签，将标签的标题改为"雇员信息卡"。选中该标签，使标签周围出现 8 个控点，单击工具栏中的"属性"按钮，弹出标签的属性对话框，如图 12-6 所示。设置"格式"选项卡下的"字体名称"属性为"黑体"。

（3）修改文本框的边框：选择主体节中的"雇员 ID"文本框，单击工具栏中的"属性"按钮，弹出文本框的属性对话框，如图 12-7 所示。在"格式"选项卡下找到"边框样式"属性，并将其设置为"透明"。按照相同的方法设置"姓名"、"性别"、"出生日期"、"职务"、"简历"和"联系电话"文本框，将它们的边框也设置为"透明"。

（4）使记录值显示对齐：选择"出生日期"文本框，设置格式选项卡下的"文本对齐"属性为"左"。设置格式选项卡下的"格式"属性为"长日期"。

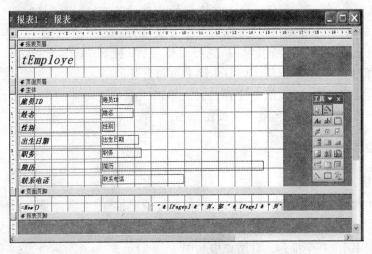

图 12-5　报表"设计视图"对话框

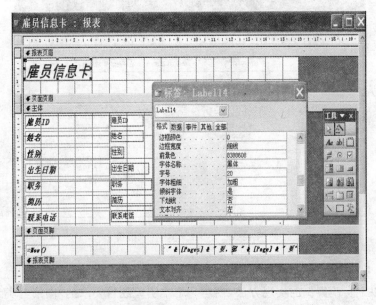

图 12-6　"雇员信息卡"标签的属性对话框

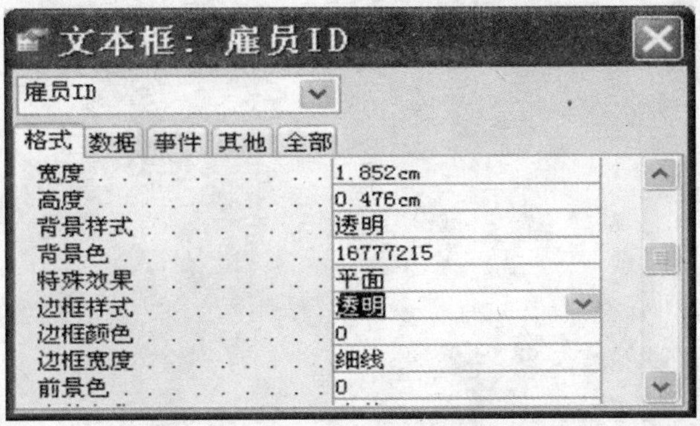

图 12-7　"雇员 ID"文本框的属性对话框

（5）增加分页符，使每一页只显示一名雇员的信息：在工具箱中选择"分页符"控件，在主体节的"联系电话"标签下方单击鼠标，插入一个分页符。

（6）增加一个矩形以框住所有字段：选择主体节"雇员 ID"标签上面的直线，按删除键。在工具箱中选择"矩形"控件，框住主体节中除分页符之外的所有控件。

（7）适当调整控件的位置，使之排列整齐。单击工具栏上的"视图"按钮，切换到报表的"打印预览"视图下查看效果。该效果应如图 12-1 所示。

（四）实验体验

1. 实验题目

为了供销售部门查看各类图书的详细书目，现要求根据"图书销售"数据库中的"tBook"表创建一个"图书分类统计"报表；报表的布局为"表格式"，并以"类别"字段作为分组依据，同一类别的图书按图书 ID 升序排列。其结果应如图 12-8 所示。

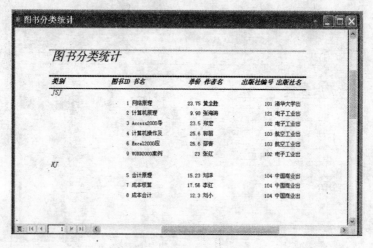

图 12-8 "图书分类统计"报表

2. 实验要求

（1）仿照以上实验案例的实现方法，创建一个本实验题目要求的"图书分类统计"报表。

（2）实验完成后，将创建的"图书分类统计"报表的最后截图，贴到实验报告中。

实验 13　Access 数据库主-子报表的创建

（一）实验目的

通过本实验,熟悉和掌握主-子报表的创建方法与步骤;熟悉和掌握分组、排序和添加计算控件的方法;熟悉图表报表的创建方法。

（二）实验案例

根据"图书销售"数据库中的数据表,设计一个含有"雇员图书销售统计"子报表的"雇员图书销售主报表",用来统计每个雇员的图书销售情况,并打印出该报表。报表的效果应如图13-1 所示。

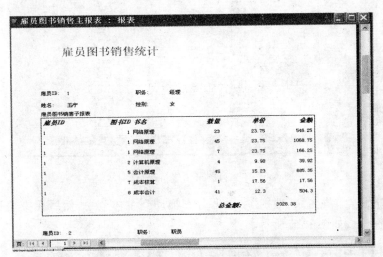

图 13-1　含有"雇员图书销售统计"子报表的雇员图书销售主报表

（三）实验指导

1. 主要知识点

（1）主-子报表的结构和创建方法。

（2）分组、排序和添加计算控件的方法。

（3）图表报表。

2. 实现步骤

要实现上述报表,涉及到"图书销售"数据库中的"tBook"表、"tEmployee"表和"tSell"表。若报表中的数据源来自多个表,则需要先根据数据源建立查询,然后再创建主-子报表。

其实现步骤如下:

（1）双击打开"图书销售"数据库窗口,新建"雇员图书销售情况"查询,查询设计视图如图13-2 所示。在查询设计视图中添加计算字段"金额",以计算每名雇员销售每种图书的总金额。查询结果如图 13-3 所示。

（2）创建主报表:打开报表设计视图,选择"tEmployee"表作为数据源,从字段列表框中选

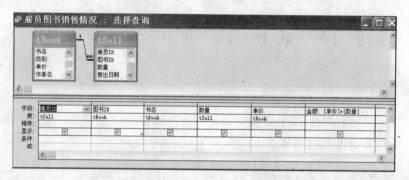

图 13-2　“雇员图书销售情况”查询设计视图

雇员ID	图书ID	书名	数量	单价	金额
1	1	网络原理	23	23.75	546.25
1	1	网络原理	45	23.75	1068.75
3	1	网络原理	47	23.75	1116.25
3	1	网络原理	5	23.75	118.75
1	1	网络原理	7	23.75	166.25
2	2	计算机原理	65	9.98	648.7
1	2	计算机原理	4	9.98	39.92
5	2	计算机原理	32	9.98	319.36
3	2	计算机原理	65	9.98	648.7
3	3	Access2000导引	12	23.5	282
2	3	Access2000导引	45	23.5	1057.5
2	3	Access2000导引	8	23.5	188
2	4	计算机操作及应	1	25.6	25.6
1	5	会计原理	45	15.23	685.35
5	5	会计原理	9	15.23	137.07
3	5	会计原理	14	15.23	213.22
5	6	Excel2000应用教	78	26.6	2074.8
3	7	成本核算	5	17.56	87.8
1	7	成本核算	1	17.56	17.56
1	8	成本会计	41	12.3	504.3

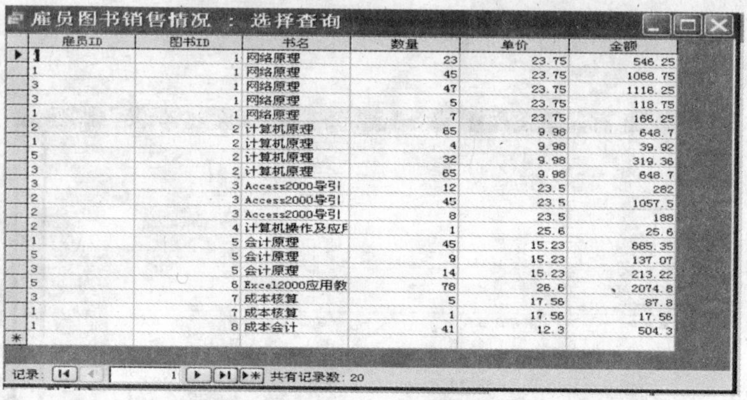

图 13-3　“雇员图书销售情况”查询结果

择“雇员 ID”、“职务”、“姓名”、“性别”字段并分别拖动到主体节中，然后在报表页眉节中添加标签作为报表标题。如图 13-4 所示。

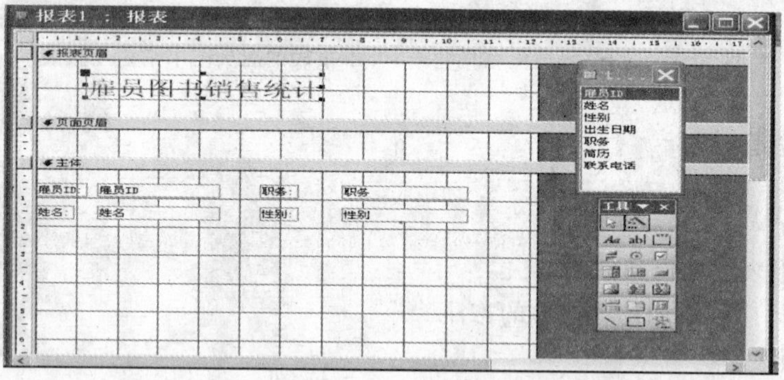

图 13-4　主报表

(3) 插入子报表：单击工具箱中的“子窗体/子报表”按钮，在报表主体节中拖放鼠标，在弹出的如图 13-5 所示的“子报表向导”对话框(1)中，选择“使用现有的表和查询”，以选择数据来源。单击“下一步”按钮。

(4) 在弹出的如图 13-6 所示的“子报表向导”对话框(2)中，选择“雇员图书销售情况”查询，并选择除“雇员 ID”以外的所有字段。单击“下一步”按钮。

(5) 在弹出的如图 13-7 所示的“子报表向导”对话框(3)中，设置主报表和子报表之间的

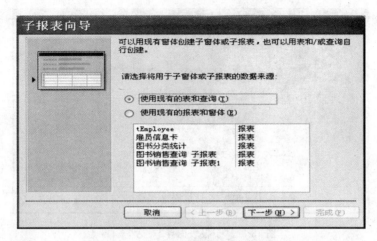

图 13-5 "子报表向导"对话框(1)

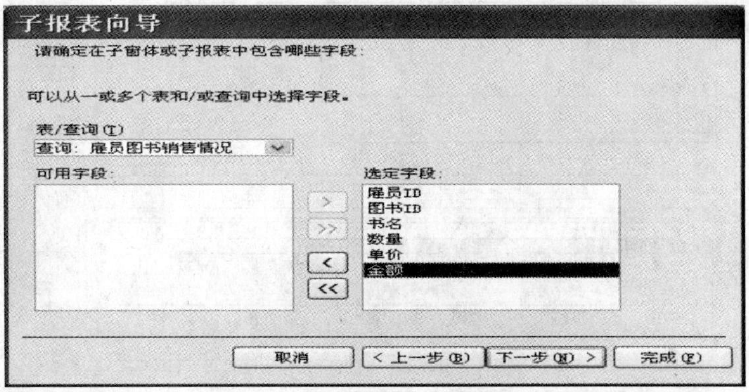

图 13-6 "子报表向导"对话框(2)

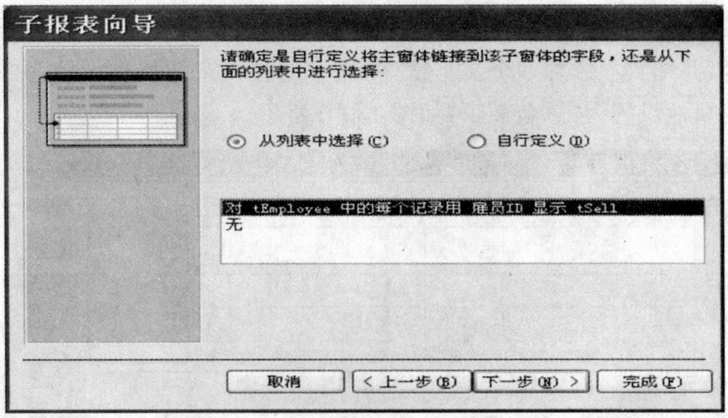

图 13-7 "子报表向导"对话框(3)

关联。单击"下一步"按钮,在弹出的如图 13-8 所示的"子报表向导"对话框(4)中,指定子报表的名称为"雇员图书销售子报表"。

(6)单击"完成"按钮,切换到设计视图下,得到如图 13-9 所示的插入子报表后的主-子报表。

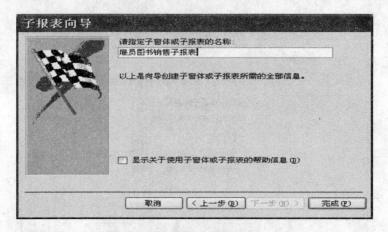

图 13-8　"子报表向导"对话框(4)

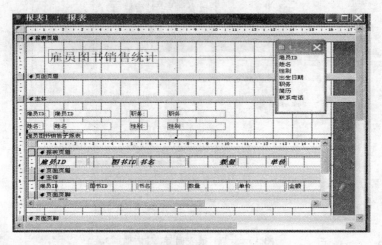

图 13-9　插入子报表后的主-子报表

(7) 接下来在子报表中添加一个文本框,统计该雇员的销售总额:选择子报表,扩大子报表的报表页脚区,并在其中添加一个文本框,将文本的控件来源属性设置为"=Sum(金额)",附加标签的标题属性设置为"总金额:",如图 13-10 所示。

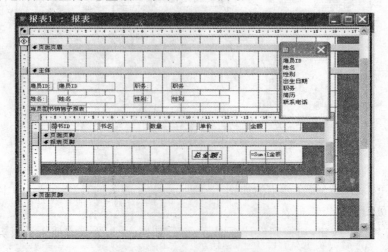

图 13-10　添加显示总金额的文本框和标签

（8）适当调整各控件的位置，使各控件在打印预览视图下都能显示出来。然后，保存主-子报表，报表名称为"雇员图书销售主报表"，打印预览视图应如图 13-1 所示。

（四）实验体验

1. 实验题目

为了统计各类书的销售情况，找出畅销书籍，请根据"图书销售"数据库中的数据表信息，用报表方法创建一个含有"图书销量对比"子报表的"图书销量报表"主报表，要求其效果应如图 13-11 所示。

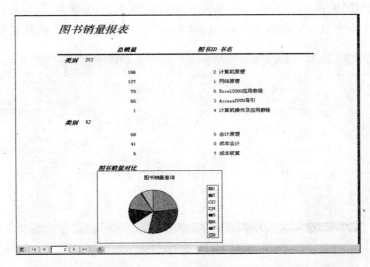

图 13-11　含有"图书销量对比"子报表的"图书销量报表"主报表

2. 实验要求

（1）仿照以上实验案例的实现方法，按实验题目的要求，创建一个含有"图书销量对比"子报表的"图书销量报表"主报表。

（2）实验完成后，将创建的"图书销量报表"的主报表的最后截图，贴到实验报告中。

实验 14　使用 Access 数据库向导创建数据访问页

（一）实验目的

通过本实验，掌握创建数据访问页的方法和如何编辑数据访问页。

（二）实验案例

针对“图书销售”数据库中如图 14-1 所示的“tBook”数据表，要求在 Access 中使用向导创建一个如图 14-2 所示的“tBook”数据访问页，并按“类别”分组，按“书名”排序，用页显示该表数据。

tBook：表

图书ID	书名	类别	单价	作者名	出版社编号	出版社名称
1	网络原理	JSJ	23.75	黄全胜	101	清华大学出版社
2	计算机原理	JSJ	9.98	张海涛	121	电子工业出版社
3	Access2000导引	JSJ	23.5	郑宏	102	电子工业出版社
4	计算机操作及应用	JSJ	25.6	郭丽	103	航空工业出版社
5	会计原理	KJ	15.23	刘洋	104	中国商业出版社
6	Excel2000应用教	JSJ	26.6	邵青	103	航空工业出版社
7	成本核算	KJ	17.56	李红	104	中国商业出版社
8	成本会计	KJ	12.3	刘小	104	中国商业出版社
9	WORD2000案例分析	JSJ	23	张红	102	电子工业出版社

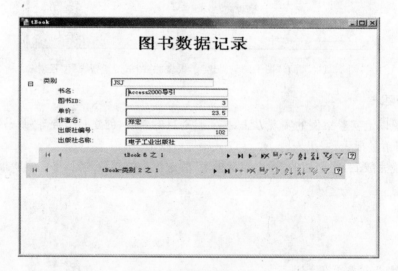

图 14-1　“tBook”数据表

图 14-2　“tBook”数据访问页

（三）实验指导

1. 主要知识点

本实验案例主要包括以下知识点：

（1）数据访问页是网页，用于通过 Internet 或 Intranet 浏览或更新数据，这些数据存储在 Microsoft Access 数据库中。

（2）使用数据访问页与使用窗体类似，可以查看、输入、编辑和删除数据库中的数据。

（3）数据访问页包括页标题和正文。正文是数据访问页的主体，它由各种节组成。

2. 实现步骤

为了实现实验的要求,可按以下三大步进行:

1) 打开数据库

(1) 启动 Access 2003,单击"打开"命令;在如图 14-3 所示的"打开"对话框的"查找范围"中,选择事先建立的数据库文件"图书销售.mdb"所在的文件位置,例如"F:\ ",双击"图书销售.mdb",即可打开数据库。

图 14-3　"打开"对话框

(2) 在打开的如图 14-4 所示的"图书销售"数据库窗口中,单击"表",即可见到表名"tBook"并选定。

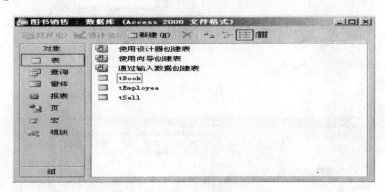

图 14-4　"图书销售"数据库窗口

2) 使用向导创建数据访问页

(1) 在"图书销售"数据库窗口中单击"页",弹出如图 14-5 所示的页创建方式选择对话框。然后,双击"使用向导创建数据访问页"选项。

(2) 在弹出的如图 14-6 所示的"数据页向导"对话框(1)中,选择"表:tBook",单击">>"选择其全部字段。然后,单击"下一步"按钮。

(3) 在弹出的如图 14-7 所示的"数据页向导"对话框(2)中,单击"类别"和">",即指定"分组级别"为"类别"字段,以便在数据页中能够按图书类别分组显示,并且可以逐级分组,一个组内可设下级组。然后,单击"下一步"按钮。

(4) 在弹出的如图 14-8 所示的"数据页向导"对话框(3)中,可以看到指定的"分组级别"为"类别"。然后,单击"下一步"按钮。

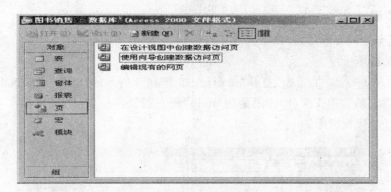

图 14-5 页创建方式选择对话框

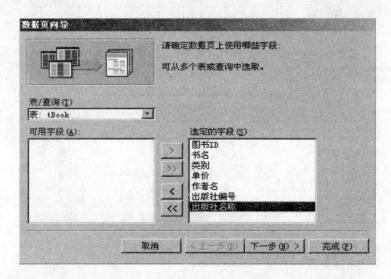

图 14-6 "数据页向导"对话框(1)

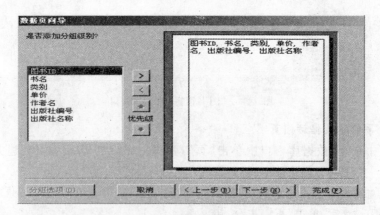

图 14-7 "数据页向导"对话框(2)

(5) 在弹出的如图 14-9 所示的"数据页向导"对话框(4)中,展开其中的字段下拉列表框(1～4),可以指定排序字段。然后,单击"下一步"按钮。

(6) 为了在数据页中能够按图书"类别"分组,并且按"书名"升序显示,在弹出的如图14-10所示的"数据页向导"对话框(5)中,单击"书名"和"下一步"按钮,即可指定按"书名"升序显示。

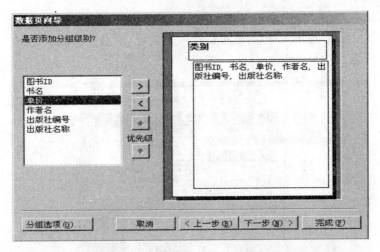

图 14-8 "数据页向导"对话框(3)

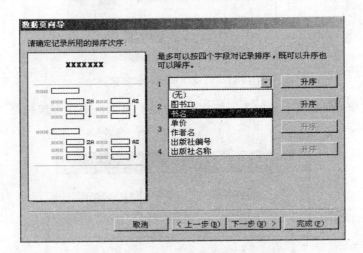

图 14-9 "数据页向导"对话框(4)

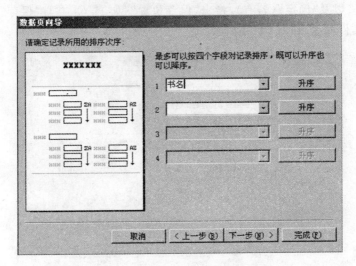

图 14-10 "数据页向导"对话框(5)

（7）接着，单击"完成"按钮，Access 2003 便自动生成 tBook 数据页，然后可以对其进一步进行修改或调整。例如，单击页标题处，可以输入其标题"图书数据记录"，并且设置其字体属性，如图 14-11 所示。

图 14-11　自动生成 tBook 数据页

（8）单击数据访问页右上角的关闭按钮，在弹出的提示框中即可选择是否保存所作的更改，如图 14-12 所示。

图 14-12　是否保存提示框

（9）回答"是"以及"确定"（若有），指定"保存位置"（如 F:\），并且"保存"后，该数据页便作为.htm 网页文件存盘，如图 14-13 所示。

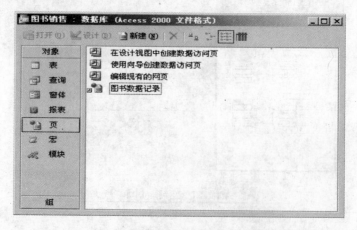

图 14-13　数据页被保存为.htm 网页文件

3) 使用数据页显示表数据

（1）在如图 14-13 所示的"图书销售"数据库网页文件中，双击"图书数据记录"页对象，或者在 IE 浏览器中输入地址"F:\图书数据记录.htm"，即可运行该页，并显示 tBook 表中的图书数据记录，如图 14-14 所示。

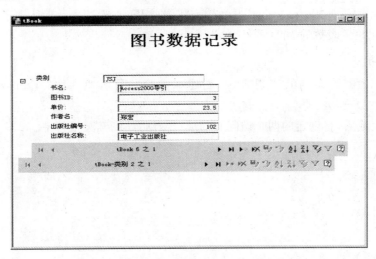

图 14-14　JSJ 类（计算机类）图书数据记录页

（2）在图 14-1 所示的 tBook 表数据中，"类别"有两种：JSJ（即 1）和 KJ（即 2）。单击"＋"和下边导航条中的左右箭头，可选择类别或记录显示，如图 14-15 所示。

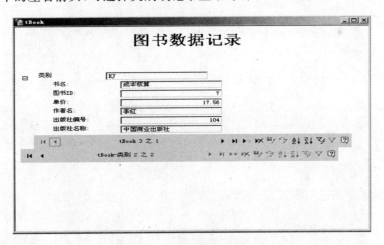

图 14-15　KJ 类（会计类）图书数据记录页

（3）若将数据页文件"图书数据记录.htm"存放到网站服务器上，则人们可以很方便地通过浏览器查阅图书销售信息。

（四）实验体验

1. 实验题目

（1）对于前面建立的"图书销售.mdb"数据库中的"tEmployee"数据表，使用 Access 提供的"数据页向导"创建其数据访问页，并要求按"职务"分组，按"姓名"排序，以页的形式显示

"tEmployee"表中的数据。

（2）对于前面建立的"图书销售.mdb"数据库中的"tSell"数据表，使用 Access 提供的设计视图创建其数据访问页，并要求按"雇员 ID"分组（提示：在页的设计视图上右击该字段，单击"升级"，表示将"雇员 ID"设为分组级别），按"图书 ID"排序（提示：在页的设计视图上右击该字段，单击"组级属性"，对"DefaultSort"属性输入"［图书 ID］ASC"，表示默认排序按"图书 ID"升序），以页的形式显示表数据。

2. 实验要求

（1）仿照以上实验案例的实现方法，创建本实验题目所要求的"tEmployee"数据表和"tSell"数据表的数据访问页。

（2）实验完成后，将创建的两个访问页的最后截图，贴到实验报告中。

实验 15　Access 数据库宏、条件操作宏和宏组的创建

(一) 实验目的

通过本实验,熟悉 Access 2003 数据库宏的创建方法,以及如何创建条件操作宏和宏组;掌握运行宏和运行宏组中宏的方法;熟悉常用的宏操作,以及学会创建宏来完成一些特定功能。

(二) 实验案例

对于前面建立的"图书销售"数据库中如图 15-1 所示的"tBook"数据表,要求创建宏或宏组实现如下功能:

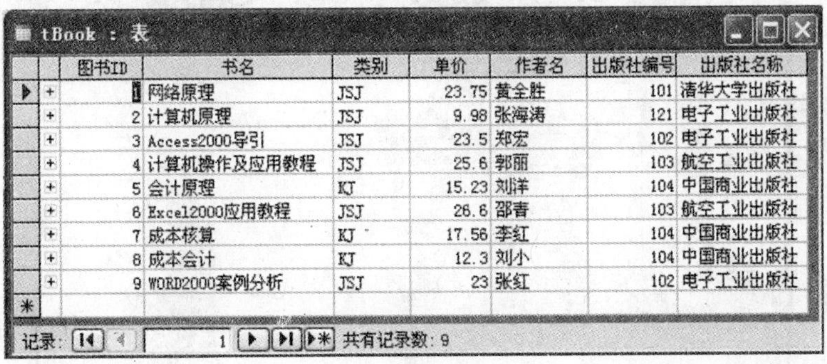

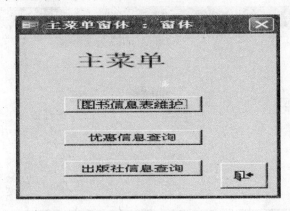

	图书ID	书名	类别	单价	作者名	出版社编号	出版社名称
+	1	网络原理	JSJ	23.75	黄全胜	101	清华大学出版社
+	2	计算机原理	JSJ	9.98	张海涛	121	电子工业出版社
+	3	Access2000导引	JSJ	23.5	郑宏	102	电子工业出版社
+	4	计算机操作及应用教程	JSJ	25.6	郭丽	103	航空工业出版社
+	5	会计原理	KJ	15.23	刘洋	104	中国商业出版社
+	6	Excel2000应用教程	JSJ	26.6	邵青	103	航空工业出版社
+	7	成本核算	KJ	17.58	李红	104	中国商业出版社
+	8	成本会计	KJ	12.3	刘小	104	中国商业出版社
+	9	WORD2000案例分析	JSJ	23	张红	102	电子工业出版社

图 15-1　"tBook"数据表

(1) 图书信息表维护功能,即对于"tBook"表,创建宏,并运行宏打开"tBook"表。

(2) 优惠信息查询功能,即根据图书单价来显示提示信息,其中:对于单价大于等于 25 元的图书,提示信息为"优惠:图书送递包快递邮费";对于单价小于 25 元的图书提示信息为"价格在 25 元以下,不包快递邮费"。

(3) 创建名为"主菜单"的宏组,包括"图书信息表维护"功能、"优惠信息查询"功能和"出版社信息查询"功能。其"主菜单"窗体应如图 15-2 所示。

图 15-2　"主菜单"窗体

（三）实验指导

1. 主要知识点

本实验案例主要包括以下知识点：
（1）创建宏、条件操作宏和宏组。
（2）创建宏来完成一些特定功能。

2. 实现步骤

根据本实验案例的功能要求，可按以下三大步进行：

1）图书信息表维护功能的实现

具体操作步骤如下：

（1）打开"图书销售"数据库窗口，选择对象"宏"，如图 15-3 所示。

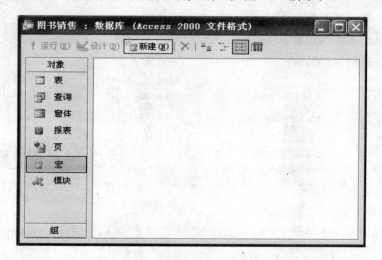

图 15-3 "图书销售"数据库窗口

（2）在该窗口中，单击 新建(N) 按钮，打开如图 15-4 所示的宏设计窗口。在窗口中第 1 行的"操作"列选择"OpenTable"宏命令，在注释中填入"用来打开 tbook 数据表的宏"，操作参数中的"表名称"选择"tBook"，"视图"为"数据表"的方式。

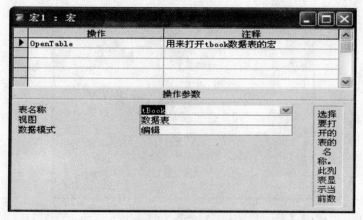

图 15-4 宏设计窗

（3）单击工具栏的"保存"按钮，弹出"另存为"对话框，并默认宏名称为"宏 1"，如图 15-5 所示。

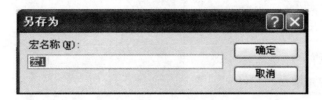

图 15-5　"另存为"对话框

（4）单击"确定"按钮，保存宏。单击宏设计窗口的"关闭"按钮，关闭该窗口。此时，可以看到数据库窗口的宏对象列表中添加了一个名为"宏 1"的宏，如图 15-6 所示。

（5）运行所创建的宏：在 Access 的菜单中，选择"工具"菜单中的"宏"，在列出的子菜单中选择"运行宏"的命令，弹出"执行宏"对话框，如图 15-7 所示。

图 15-6　数据库窗口中的宏对象列表　　　　　　图 15-7　"执行宏"对话框

（6）单击"确定"按钮，运行宏的结果（即打开"tBook"表）会如图 15-1 所示。

2）优惠信息查询功能的实现

为了实现优惠信息查询的功能，可按以下三步进行：

A）创建优惠信息查询窗体

具体操作步骤如下：

（1）在"图书销售"数据库窗口中，选择"窗体"对象，然后双击"使用向导创建窗体"。

（2）在弹出的如图 15-8 所示的"窗体向导"对话框（1）中，选择"表/查询"下拉列表中的"表:tBook"选项。在可用字段中分别选择"书名"、"单价"和"出版社名称"选项，按选择按钮以后，这三个字段分别列在"选定的字段"列表中。然后，单击"下一步"按钮。

（3）在弹出的如图 15-9 所示的"窗体向导"对话框（2）中，进行窗体布局的选择。这里选择"纵栏表"选项，然后单击"下一步"按钮。

（4）在弹出的如图 15-10 所示的"窗体向导"对话框（3）中，进行窗体样式的选择。这里选择"混合"选项，然后单击"下一步"按钮。

（5）在弹出的如图 15-11 所示的"窗体向导"对话框（4）中，指定窗体标题。即在"请为窗体指定标题"的文本框中输入"优惠信息查询窗体"，然后单击"完成"按钮。

（6）在弹出的"图书销售"数据库窗口中，将新建的"优惠信息查询窗体"添加到数据库窗

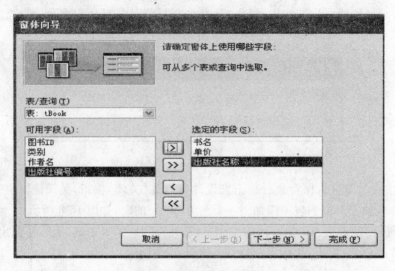

图 15-8　"窗体向导"对话框(1)

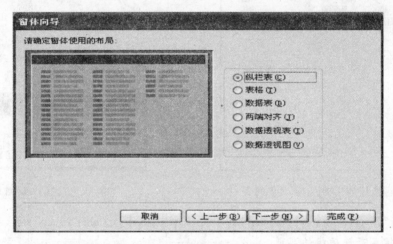

图 15-9　"窗体向导"对话框(2)

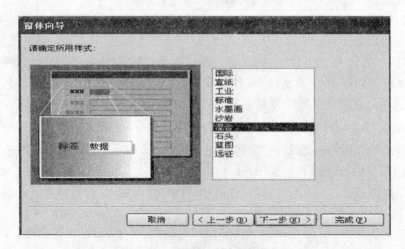

图 15-10　"窗体向导"对话框(3)

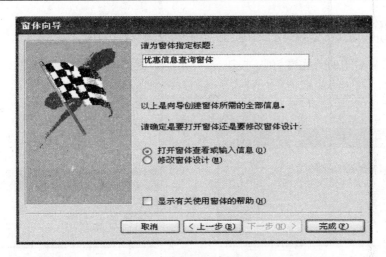

图 15-11 "窗体向导"对话框(4)

口的对象中,并打开该窗体,如图 15-12 所示。

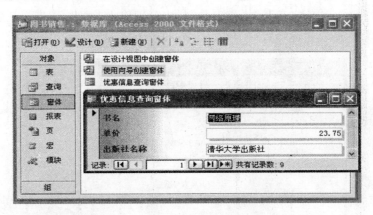

图 15-12 打开的"优惠信息查询窗体"

(7) 在"图书销售"数据库窗口中,用鼠标单击新建的"优惠信息查询窗体",然后单击数据库中的设计按钮 ，会弹出"优惠信息查询窗体"设计视图,如图 15-13 所示。然后,用鼠标选择"工具箱"中的"命令按钮"控件,再在窗体中的合适位置单击,添加命令按钮;修改显示标题为"显示图书的优惠信息"。

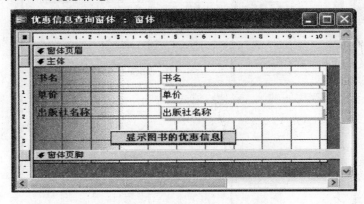

图 15-13 "优惠信息查询窗体"设计视图

B) 创建条件操作宏

具体操作步骤如下：

（1）右击"显示图书的优惠信息"按钮，从弹出的快捷菜单中选择"事件生成器"命令，弹出如图 15-14 所示的"选择生成器"对话框，从其列表框中选择"宏生成器"选项。

（2）单击"确定"按钮，打开如图 15-15 所示的"另存为"对话框和输入"条件宏"。

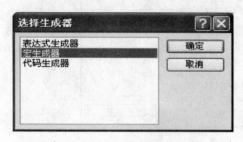 

图 15-14　"选择生成器"对话框　　　　　　　　　图 15-15　"另存为"对话框

（3）单击工具栏上的条件按钮 ，在打开的"条件宏"设计窗口的"条件"列中，依次选择第 1 行和第 2 行字段，并依次在其"操作参数"栏中分别输入"优惠：图书送递包快递邮费"和"价格在 25 元以下，不包快递邮费"。如图 15-16 和图 15-17 所示。

图 15-16　"条件宏"设计操作窗口(1)

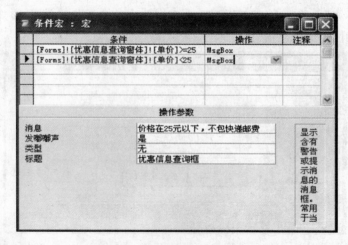

图 15-17　"条件宏"设计操作窗口(2)

（4）单击条件宏设计窗口的关闭按钮，弹出条件宏修改保存提示框，如图15-18所示。

（5）单击"是"按钮，保存条件宏的设计。

（6）单击窗体设计窗口的关闭按钮，弹出窗体设计修改保存提示框，如图15-19所示。

图 15-18　条件宏修改保存提示框　　　　　　图 15-19　窗体设计修改保存提示框

（7）单击"是"按钮，保存窗体的设计。

C) 运行优惠信息查询窗体

双击窗体对象中的"优惠信息查询窗体"，弹出运行的结果如图15-20和图15-21所示。

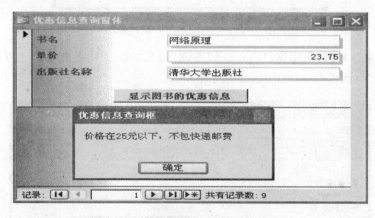

图 15-20　优惠价格查询运行结果图(1)

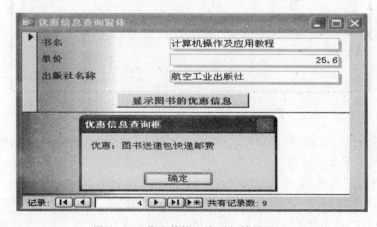

图 15-21　优惠价格查询运行结果图(2)

3) 创建名为"主菜单"的宏组

其具体操作步骤如下：

（1）在"图书销售"数据库窗口中，选择"窗体"对象，然后双击"在设计视图中创建窗体"，进行"主菜单窗体"的设计。在"工具箱"中选择"标签"和"命令按钮"，分别在窗体中添加控件，并修改控件上的标题,如图 15-22 所示。

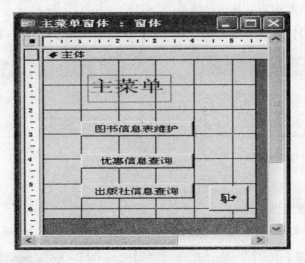

图 15-22　"主菜单窗体"设计窗口

　　(2) 在"图书销售"数据库窗口中,选择"查询"对象,双击"使用向导创建查询"选项,打开"简单查询向导"对话框(1),如图 15-23 所示。

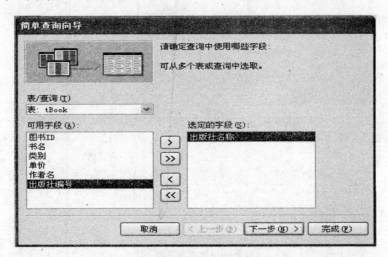

图 15-23　"简单查询向导"对话框(1)

　　(3) 单击"下一步"按钮,在弹出的"简单查询向导"对话框(2)中,输入查询名"出版社信息查询",如图 15-24 所示。

　　(4) 单击"完成"按钮,保存该查询。

　　(5) 在"图书销售"数据库窗口的对象列表中,选择"宏"选项,单击"新建"按钮,打开"主菜单宏组"设计窗口。单击其工具栏上的"宏名"按钮 ，在"主菜单宏组"设计窗口中显示"宏名"列,如图 15-25～图 15-27 所示。

　　(6) 单击工具栏上的"保存"按钮,在弹出的"另存为"对话框中输入宏的名称"主菜单宏组"。单击"确定"按钮,返回宏设计视图窗口,关闭宏设计窗口。

　　(7) 在"图书销售"数据库窗口中,单击"窗体"对象,打开"主菜单窗体"中"图书信息表维护"按钮的属性窗口;在"事件"选项卡下,从"单击"属性列表框中选择"主菜单宏组. 图书信息

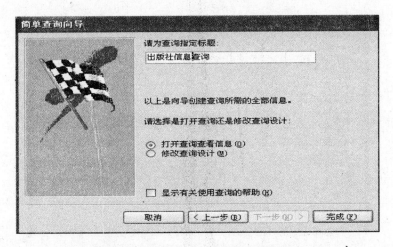

图 15-24   "简单查询向导"对话框(2)

图 15-25   "主菜单宏组"设计窗口(1)   图 15-26   "主菜单宏组"设计窗口(2)

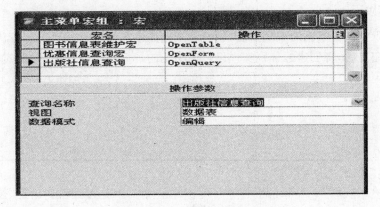

图 15-27   "主菜单宏组"设计窗口(3)

表维护宏"。如图 15-28 所示。

(8)同理,在"优惠信息查询"按钮和"出版社信息查询"按钮属性窗口的"事件"选项卡下,从其"单击"属性列表框中选择"主菜单宏组.优惠信息查询宏"和"主菜单宏组.出版社信息查询宏"。

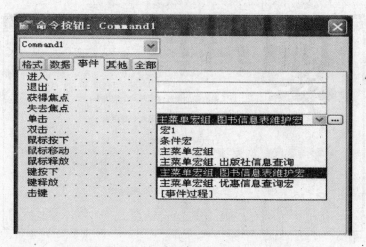

图 15-28　图书信息表维护"命令按钮"属性框

(9) 单击工具栏上的"保存"按钮,完成宏组的设计。

(10) 测试宏组的设计:打开"主菜单窗体",依次单击三个命令按钮,可检测宏组的的设计及运行情况。

(四)实验体验

1. 实验题目

对于"图书销售"数据库中的销售情况表"tSell",创建宏或宏组来完成以下功能:

(1) 扬声器发出"嘟嘟"声。

(2) 打开"tSell"表。

(3) 弹出消息框,框中显示"欢迎再次查看报表!"。

(提示:使用 Beep 和 OpenReport 宏操作命令)

2. 实验要求

(1) 仿照以上实验案例的实现方法,创建宏来完成本实验题目所要求的各功能。

(2) 实验完成后,将创建的分别实现以上各功能的最后宏设计截图,贴到实验报告中。

实验 16　Access 数据库中 VBA 代码的编写与应用

（一）实验目的

通过本实验，熟悉和掌握为 Access 窗体和控件事件编写 VBA 代码的方法，掌握用 VBA 编写顺序结构、选择结构和循环结构程序的方法。

（二）实验案例

（1）设计一个如图 16-1 所示的窗体，并编写响应 Click 事件过程和显示当前日期的 VBA 程序代码，要求：当按下"获得当前日期"按钮时，可以执行 VBA 程序代码并输出显示当前的日期。

图 16-1　含有"显示当前日期"按钮的窗体

（2）设计一个如图 16-2 所示的窗体，并编写响应 Click 事件过程和计算并输出三个数中最大数的 VBA 程序代码，要求：当在三个文本框中输入任意三个数并按下"计算"命令按钮后，可执行 VBA 程序代码并输出显示三个数中最大数的一个数。

（3）设计一个如图 16-3 所示的窗体，并编写响应 Click 事件过程和计算并输出自然数 n 阶乘的 VBA 程序代码，要求：当按下"计算"按钮并输入一个自然数后，可执行 VBA 程序代码并输出显示这个自然数的阶乘。

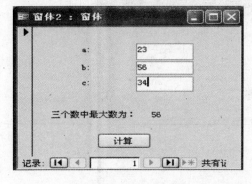

图 16-2　可计算并显示三个数中最大数的窗体

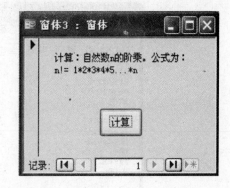

图 16-3　可计算并显示自然数 n 阶乘的窗体

（三）实验指导

1．主要知识点

本实验案例主要包括以下知识点：

（1）为窗体和控件事件编写 VBA 代码。

（2）用 VBA 编写顺序结构、选择结构和循环结构程序。

2. 实现步骤

根据本实验案例的要求，可分以下三部分进行：

1）实验案例（1）的实现

其具体操作步骤如下：

（1）建立一个数据库：打开 Access 数据库，选择"文件"菜单的"新建"选项，选择菜单中的"空数据库"会新建一个默认名为"db1.mdb"的数据库，保存到 D 盘下。单击"创建"按钮，会自动打开该数据库的窗口。

（2）在数据库窗口中，选择"窗体"对象，双击"在设计视图中创建窗体"选项，打开窗体的设计视图，并在"工具箱"选项中选择"命令按钮"。然后，在窗体的合适位置单击放置该命令按钮，并修改标题为"显示当前日期"，如图 16-4 所示。

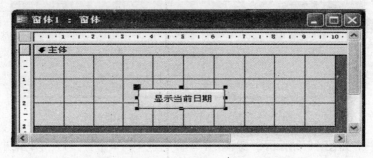

图 16-4　含有"显示当前日期"按钮的窗体

（3）双击"显示当前日期"按钮，打开命令按钮控件的属性列表。

（4）切换到"事件"选项卡，再选择"单击"选项并单击其右侧的"命令按钮" ▪▪▪ ，如图16-5所示。

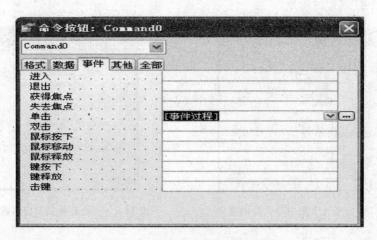

图 16-5　"命令按钮"属性对话框

（5）在弹出的 Visual Basic 编辑器窗口中，已自动生成了按钮。然后，单击"事件过程"，并输入以下响应 Click 事件过程和显示系统日期的程序代码：

Option　Compare　Database

Private　Sub　Command0_Click()
Msgbox　″当前日期为″　&　Date
End　Sub

（6）单击"保存"按钮保存该窗体，在窗体"另存为"对话框中默认显示窗体名为"窗体1"，单击"确定"按钮。关闭 Visual Basic 编辑器窗口。关闭"命令按钮"的属性对话框与窗体设计视图。

（7）在窗体列表中，双击"窗体1"，则会显示窗体，如图 16-1 所示。

（8）测试 VBA 编程的结果：单击"显示当前日期"按钮，可弹出消息框显示系统日期。

2）实验案例（2）的实现

其具体步骤如下：

（1）在数据库窗口中，选择"窗体"对象，双击"在设计视图中创建窗体"选项，打开窗体的设计视图，并在"工具箱"中选择"标签"、"文本框"和"命令按钮"以后，在窗体的合适位置单击放置标签、文本框和命令按钮。在 3 个文本框的属性框中，将文本框名称分别设置为"Texta"，"Textb"和"Textc"；5 个标签 Label1，Label2，Label3，Label4 和 Label5 的文本名称分别设置为"a："，"b："，"c："，"3 个数中最大数为："和"0"；命令按钮的名称设置为 Command 0，它的文本名称设置为"计算"。求最大数窗体的设计如图 16-6 所示。

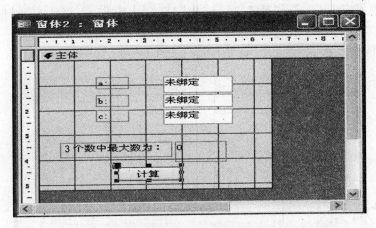

图 16-6　求最大数窗体的设计

（2）双击"计算"按钮，打开控件属性列表。

（3）切换到事件选项卡，再选择"单击"选项并单击其右侧的"命令按钮" **...** ，如图 16-5 所示。

（4）在弹出的 Visual Basic 编辑器窗口中，已自动生成了按钮。然后，单击命令按钮 Command 0 的"事件过程"，并输入以下响应 Click 事件过程和计算并显示三个数中最大数的程序代码：

Option　Compare　Database

Private　Sub　Command0_Click()
　Texta. SetFocus　　　　　　　　′获得焦点

```
        a＝Val(Texta. Text)        '从文本框中获取 a 的值赋值给变量 a
        Textb. SetFocus            '获得焦点
        b＝Val(Textb. Text)        '从文本框中获取 b 的值赋值给变量 b
        Textc. SetFocus            '获得焦点
        c＝Val(Textc. Text)        '从文本框中获取 c 的值赋值给变量 c
        max＝a
        If  b＞max  Then  max＝b
        If  c＞max  Then  max＝c
        Label5. Caption＝Str(max)
    End Sub
```

（5）单击"保存"按钮保存该窗体，在窗体"另存为"对话框中默认显示窗体名为"窗体2"，单击"确定"按钮。关闭 Visual Basic 编辑器的窗口。关闭命令按钮的属性对话框与窗体设计视图。

（6）在窗体列表中，双击"窗体2"，则会显示该窗体。

（7）测试 VBA 程序：单击窗体2中的"计算"按钮，则会输出显示三个数中最大数的一个数，如图 16-2 所示。

3）实验案例（3）的实现

其具体步骤如下：

（1）在数据库窗口中，选择"窗体"对象，双击"在设计视图中创建窗体"选项。打开窗体的设计视图，并在"工具箱"中选择"标签"和"命令按钮"以后，在窗体的合适位置单击，以放置"计算：自然数 n 的阶乘。公式为：……"标签和"计算"命令按钮，如图 16-7 所示。

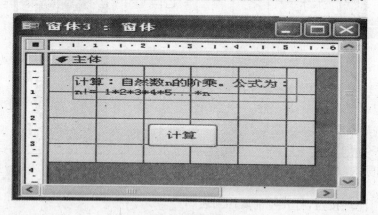

图 16-7　求阶乘窗体的设计

（2）双击"计算"按钮，打开控件属性列表。

（3）切换到事件选项卡，再选择"单击"选项并单击其右侧的"命令按钮"**…**，如图 16-5 所示。

（4）在弹出的 Visual Basic 编辑器窗口中，已自动生成了按钮。然后，单击命令按钮 Command 0 的"事件过程"，并输入以下响应 Click 事件过程和计算并显示自然数 n 阶乘的程序代码：

Option　Compare　Database

```
Private  Sub  Command1_Click()
n＝InputBox("请输入 n 的值:")
s＝1
For  i=1  To  n
    s＝s * i
Next i
    MsgBox "n 的阶乘为:" & s
End  Sub
```

(6) 单击"保存"按钮保存该窗体,在窗体"另存为"对话框中默认显示窗体名为"窗体 3",单击"确定"按钮。关闭 Visual Basic 编辑器窗口。关闭命令按钮的属性对话框与窗体设计视图。

(7) 在窗体列表中,双击"窗体 3",则会显示如图 18-3 所示的窗体。

(8) 测试 VBA 程序:单击窗体 3 中的"计算"按钮,则会显示输入对话框;当你输入 n 的值后,在窗体的消息框中会输出显示 n 的阶乘值。如图 16-8 和图 16-9 所示。

图 16-8 输入 n 的值对话框

图 16-9 显示阶乘结果的对话框

(四) 实验体验

1. 实验题目

设计一个包含能输入收入金额的文本框和"计算"命令按钮的窗体,并编写响应 Click 事件过程和计算并输出扣税后金额的 VBA 程序代码。其中,扣税的标准为:收入 500 元以下的不扣税,500~800 元的扣 0.1%,801~1000 元的扣 0.3%,1000 元以上的扣 0.5%。要求:当按下"计算"按钮并输入一个收入金额后,可执行 VBA 程序代码并输出显示其扣税后的金额。

2. 实验要求

(1) 仿照以上实验案例的实现方法,创建窗体和编写 VBA 程序代码以完成本实验题目所要求的各功能。

(2) 实验完成后,将创建的窗体截图,以及编写的响应 Click 事件过程和计算并输出扣税后金额的 VBA 程序代码,贴(写)到实验报告中。

实验 17　SQL Server 数据库及数据表的创建

（一）实验目的

通过本实验，掌握在 SQL Server 2000 中创建数据库和数据表的方法与基本操作。

（二）实验案例

在 SQL Server 2000 环境下，创建一个名为"StudentManage"的 SQL Server 数据库和一个名为"TeacherInfo"的数据表。

（三）实验指导

1. 主要知识点

本案例主要包括以下知识点：

（1）创建 SQL Server 数据库。

（2）创建 SQL Server 数据表。

2. 实现步骤

（1）依次选择"开始"→"程序"→"Micorosoft SQL Server"→"服务管理器"命令，打开"SQL Server 服务管理器"窗口，如图 17-1 所示。

图 17-1　"SQL Server 服务管理器"窗口

（2）依次选择"开始"→"程序"→"Micorosoft SQL Server"→"企业管理器" 命令，打开"企业管理器"窗口，如图 17-2 所示。

（3）逐级展开"控制台"窗口树状结点区的 ➕ 按钮，在"数据库"结点上单击鼠标右键，再在右键菜单中选择"新建数据库"选项，弹出"数据库属性"对话框，如图 17-3 所示。然后，选择"常规"选项卡。

（4）在弹出的如图 17-4 所示的"常规"选项卡对话框的名称输入区域中，输入"Student-Manage"，然后选择"数据文件"选项卡。在弹出的如图 17-5 所示的"数据文件"选项卡对话框中，单击"存储路径" ⬚ 按钮。在打开的如图 17-6 所示的"查找数据库文件"对话框中，单击"D:\"，然后单击"确定"按钮。其文件属性等参数均使用系统默认设置。在"数据库属性"对

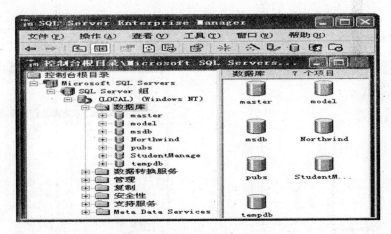

图 17-2 "企业管理器"窗口

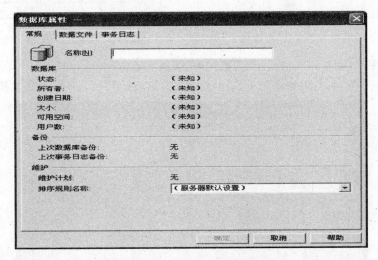

图 17-3 "数据库属性"对话框

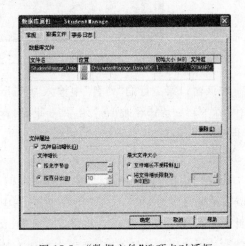

图 17-4 "常规"选项卡对话框　　　　　　　　图 17-5 "数据文件"选项卡对话框

话框中选择"事务日志"选项卡,弹出如图 17-7 所示的"事务日志"选项卡对话框,单击"存储路径"［...］按钮。在打开的"查找数据库文件"对话框中单击"D:\",然后单击"确定"按钮。其文件属性等参数均使用系统默认设置。

图 17-6　"查找数据库文件"对话框　　　　　图 17-7　"事务日志"选项卡对话框

（5）在"控制台"窗口树状结点区的"数据库"结点下单击"StudentManage",在右边任务区的表图标上单击鼠标右键,在右键菜单中选择"新建表",出现如图 17-8 所示的表结构设计窗口。

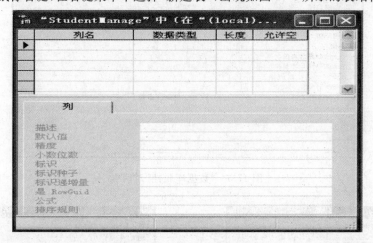

图 17-8　表结构设计窗口

在该窗口第 1 行的"列名"中输入"teacher_no";单击"数据类型",选择该单元格中的［▼］按钮,在下拉列表中选择"varchar"。此时,在长度一栏中会看到 varchar 的默认长度为"50";单击"长度",删掉其中的"50",并输入"20";单击"允许空"一栏中的"✓",将其去掉。如图 17-9所示。

将光标定位到表结构设计窗口列名下的第 2 行,输入"teacher_name",选择数据类型"varchar",设置长度为"30",去掉"允许空"一栏中的"✓"。另外三个字段的设置,与此方法相同,在此不再赘述。最后设计完成的 TeacherInfo 表的表结构如图 17-10 所示。

（6）表结构设计完成后,选择工具栏上的［💾］保存按钮,在弹出的如图 17-11 所示的"选择名称"对话框中,输入"TeacherInfo"。然后,单击"确定"按钮,保存 TeacherInfo 表结构到数据库中。

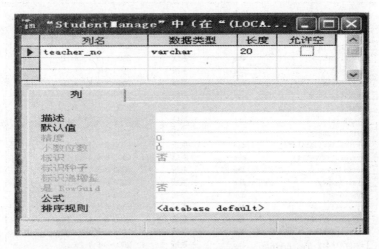

图 17-9　插入了一个字段的表结构设计窗口

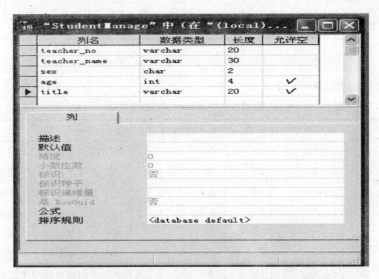

图 17-10　SQL Server 2000 中的 TeacherInfo 表结构

图 17-11　"选择名称"对话框

　　此时,在"StudentManage"数据库结点对应的任务区中双击表图标,可以看到任务区中有一个 TeacherInfo 表,该表属于用户表,如图 17-12 所示。

(四) 实验体验

1. 实验题目

创建一个名为"Student_Corse"的数据库,再在该数据库中创建一个名为"StudentInfo"的

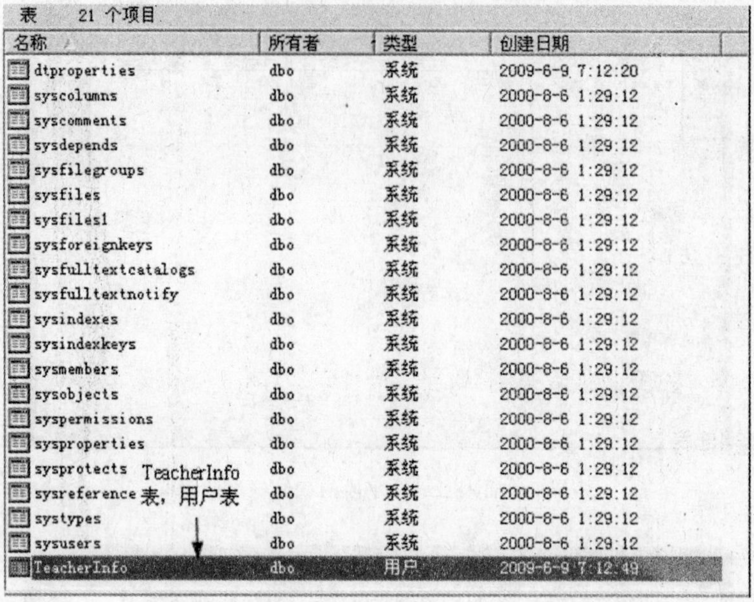

图 17-12　创建 TeacherInfo 表后的任务区

数据表,其表结构如表 17-1 所示。

表 17-1　"StudentInfo"表结构

字段名	数据类型	长度	是否允许为空	说明
StudentNo	varchar	20	否	该字段用来存储学生学号
StudentName	varchar	20	否	该字段用来存储学生姓名
ClassNo	char	10	否	该字段用来存储学生班级编号
sex	char	2	否	该字段用来存储学生性别
age	int	4	是	该字段用来存储学生年龄
Dorm	char	20	是	该字段用来存储学生寝室编号
Tel	varchar	15	是	该字段用来存储学生联系电话

2. 实验要求

(1) 仿照以上实验案例的实现方法,完成本实验题目所要求完成的全部工作。

(2) 创建"Student_Corse"数据库后,将企业管理器窗口的截图,粘贴到实验报告中。

(3) 创建"StudentInfo"数据表后,将创建的表结构截图,粘贴到实验报告中。

实验 18　SQL Server 数据库中的数据操作

（一）实验目的

通过本实验，掌握在 SQL Server 数据表中添加、删除、修改数据的方法及操作步骤，以及掌握主键的创建方法。

（二）实验案例

在 SQL Server 2000 数据库中，对数据表进行添加、删除、修改数据等管理操作。

（三）实验指导

1. 主要知识点

本实验案例主要包括以下知识点：

（1）熟悉数据管理中数据的添加、删除和修改等操作。

（2）掌握在 SQL Server 2000 数据表中添加、删除和修改数据等操作方法。

（3）掌握主键的创建方法。

2. 实现步骤

（1）选择树状结点区"StudentManage"数据库结点下的表结点，在表结点任务区的"TeacherInfo"表上单击鼠标右键；在右键菜单中选择"打开表"，在其子菜单中选择"返回所有行"，打开"TeacherInfo"表所有数据的列表窗口，如图 18-1 所示。

图 18-1　打开添加数据前的"TeacherInfo"表

（2）在表中的 teacher_no，teacher_name，sex，age 和 title 列对应的单元格中分别输入"T04003"、"赵明"、"男"、"32"、"副教授"，如图 18-2 所示。

图 18-2　添加 1 条记录后的"TeacherInfo"表

（3）按照第（2）步的方法添加后续的 4 条记录。被添加到表中的所有数据 SQL Server 2000 系统会自动保存，如图 18-3 所示。

（4）在"李思宇"所在行的前端 ▶ 按钮上单击鼠标右键，如图 18-4 所示，选择右键下拉菜单中的"删除"选项。

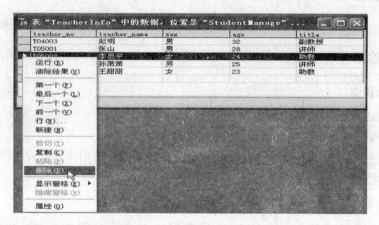

图 18-3　添加 5 条记录后的"TeacherInfo"表

图 18-4　单击鼠标右键所弹出的右键下拉菜单

（5）在弹出的如图 18-5 所示的"SQL Server 企业管理器"对话框中，选择"是"按钮，则"李思宇"所在地的记录行会被永久性的删除，如图 18-6 所示。

图 18-5　"SQL Server 企业管理器"对话框　　　　图 18-6　永久删除 1 条记录后的"TeacherInfo"表

（6）在"TeacherInfo"表上单击鼠标右键，在右键菜单中选择"设计表"，打开设计器窗口；在 teacher_no 前端的 ▶ 按钮上单击鼠标右键，在右键下拉菜单中选择"设置主键"选项，如图 18-7 所示。

设置完成后，在"teacher_no"列名的前面会出现一个"钥匙" 🔑 图标，如图 18-8 所示。此时，表示主键设置成功。

（四）实验体验

1. 实验题目

（1）在实验 17 的实验体验中创建的"Student_Corse"数据库的"StudentInfo"表中，添加如图 18-9 所示的数据。

图 18-7　在右键下拉键菜单中选择"设置主键"

图 18-8　"teacher_no"成为主键后的标识

图 18-9　要求在"StudentInfo"表中添加的数据

（2）删除学号为"1004"的数据。

（3）将王平同学的年龄改为"20"。

2. 实验要求

（1）仿照以上实验案例的实现方法，完成本实验题目所要求完成的全部工作。

（2）实验完成后，通过截图的形式，将上述三个题目的结果写入实验报告中。

实验 19　用 SQL 命令语句查询 SQL Server 数据库

（一）实验目的

通过本实验，熟悉 SQL Serve 数据库查询的创建方法，掌握 SQL 查询命令语句的书写，熟悉其常用的查询操作步骤。学会使用 SQL 命令语句创建查询来完成一些特定的功能。

（二）实验案例

已知系统中有一个名为"学生信息"的 SQL Serve 数据库，在该数据库中包含学生信息表，如表 19-1 所示，其表结构如表 19-2 所示。现要求使用 SQL 查询命令语句，查询学生表中学号为"20100015"的学生的所有信息。

表 19-1　学生信息表

学号	姓名	性别	年龄	系别
20100011	王宁	女	17	计算机
20100012	李清	男	17	外语
20100013	王创	男	18	计算机
20100014	郑炎	女	17	电商
20100015	魏小红	女	18	环生

表 19-2　学生信息表结构

字段名称	数据类型	字段大小	说明
学号	文本	10	主键
姓名	文本	10	
性别	文本	2	默认值为"女"
年龄	数值	2	
系别	文本	10	

（三）实验指导

1. 主要知识点

本实验案例主要包括以下知识点：

（1）建立 SQL Serve 数据库查询的步骤。

（2）SQL 查询命令语句的书写。

（3）执行查询，显示查询结果。

2. 实现步骤

具体实现步骤如下：

（1）打开数据库：依次选择"开始"→"所有程序"→"Microsoft SQL Server"→"企业管理

器"命令,打开 SQL Server 2000 窗口。

（2）打开 SQL 查询分析器:在 SQL Server 2000 窗口中,依次选择"工具"→"SQL 查询分析器"命令,打开"SQL 查询分析器"窗口,如图 19-1 所示。

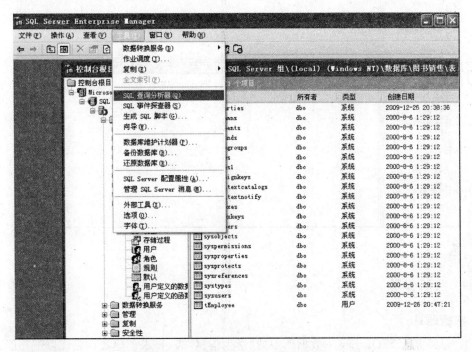

图 19-1　打开"SQL 查询分析器"窗口

（3）创建查询:在"SQL 查询分析器"窗口中,选择"学生信息"数据库,在弹出的查询窗口中输入查询命令"select ＊ from 学生 where 学号＝20100015",如图 19-2 所示。

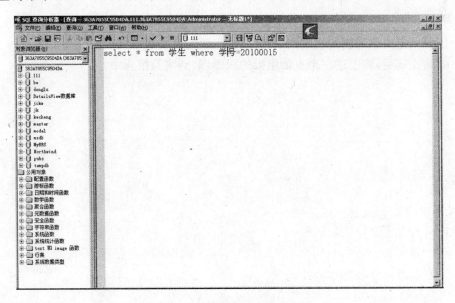

图 19-2　输入查询命令创建查询

（4）执行查询:依次选择"查询"→"执行"命令,得到查询结果,如图 19-3 所示。

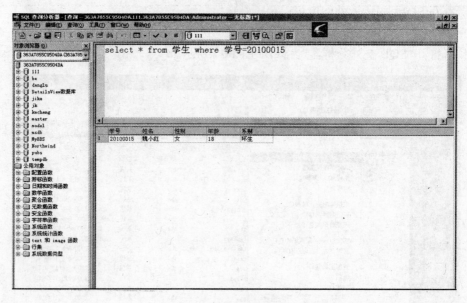

图 19-3　查询结果

(四) 实验体验

1. 实验题目

针对"学生信息"SQL Serve 数据库中的"学生信息"表,要求创建查询完成以下功能:

(1) 查询并正确显示所有性别为"女"的学生的年龄及姓名。

(2) 查询并正确显示年龄大于 17 岁的计算机系的学生姓名。

(3) 查询并正确显示姓"王"的学生姓名。

2. 实验要求

(1) 仿照以上实验案例的实现方法,完成本实验题目所要求完成的全部工作。

(2) 实验完成后,将上述三个查询结果的截图,贴到实验报告中。

实验 20　SQL Server 数据库存储过程、触发器和事务的创建

（一）实验目的

通过本实验，理解数据完整性的概念及分类；了解各种数据完整性的实现方法；掌握存储过程的使用方法，以及触发器的使用方法；掌握事务的定义、操作及具体应用。

（二）实验案例

1. 创建触发器

对于 StudentManage 数据库，表"StudentInfo"的 Class_No 列与表"ClassInfo"的 Class_No 列应满足如下参照完整性规则：

（1）向"StudentInfo"表加一条记录时，该记录的 Class_No 值在"ClassInfo"表中应存在。

（2）修改"ClassInfo"表的 Class_No 字段值时，该字段在"StudentInfo"表中的对应值也应修改。

（3）删除"ClassInfo"表中的一条记录时，该纪录 Class_No 字段值在"StudentInfo"表中对应的记录也应删除。

对于上述参照完整性规则，通过创建触发器实现。

2. 创建存储过程

（1）添加学生记录的存储过程 StudentAdd，在向学生信息表中添加记录时创建。

（2）修改学生记录的存储过程 StudentUpdate，在修改学生信息表中的记录时创建。

（3）删除学生记录的存储过程 StudentDelete，在删除学生信息表中的记录时创建。

（4）调用并执行上述存储过程，并分析在执行过程中可能会出现一些什么情况。

3. 创建事务

编写一个事务控制程序，要求在事务中包含三个操作：第 1 个操作是在 StudentManage 数据库的"GradeInfo"表中插入一条数据，然后设置一个保存点；紧接着执行第 2 个操作，即删除刚才插入的操作；最后执行检索操作，即查看插入的数据是否存在。

（三）实验指导

1. 创建触发器

在查询分析器的窗口中输入并执行各触发器的代码。

其具体操作步骤如下：

（1）向"StudentInfo"表插入或修改一条记录时，通过触发器检查记录的 ClassNo 值在"ClassInfo"表中是否存在。若不存在，则取消插入或修改操作。可输入并执行如下代码实现：

```
USE StudentManage
GO
CREATE TRIGGER StudentInsert on dbo. StudentInfo
FOR INSERT, UPDATE
AS
```

```
BEGIN
  IF(SELECT ins. class_no from inserted ins) NOT IN
    (SELECT class_no FROM ClassInfo)
    ROLLBACK                              '对当前事务回滚,即恢复到插入前的状态
END
```

（2）修改"ClassInfo"表的 ClassNo 字段值时,该字段在"StudentInfo"表中的对应值也应进行相应修改。可输入并执行如下代码实现:

```
USE STUDENTMANAGE
GO
CREATE TRIGGER ClassNoUpdate on dbo. ClassInfo
FOR UPDATE
AS
BEGIN
  IF (COLUMNS_UPDATED()&01)>0
  UPDATE StudentInfo
  SET class_no=(SELECT ins. class_no from INSERTED ins)
  WHERE class_no=(SELECT class_no FROM deleted)
END
GO
```

（3）删除"ClassInfo"表中的一条记录的同时,删除该记录 ClassNo 字段值在"StudentInfo"表中对应的记录。可输入并执行如下代码:

```
USE STUDENTMANAGE
GO
CREATE TRIGGER ClassNoDelete on dbo. ClassInfo
FOR DELETE
AS
BEGIN
  DELETE FROM StudentInfo
  WHERE Class_No=(SELECT Class_No FROM deleted)
END
GO
```

2. 创建存储过程

在查询分析器窗口中输入以下各存储过程的代码并执行。

（1）添加学生记录的存储过程 StudentAdd,即输入并执行如下代码:

```
USE STUDENTMANAGE
GO
CREATE PROCEDURE StudentAdd
(@Student_No varchar(20),@Student_Name varchar(20),@Class_No char(10),
```

```
@sex char(2),@age int,@dorm char(20),@tel varchar(15))
AS
BEGIN
INSERT INTO StudentInfo
VALUES(@Student_No,@Student_Name,@Class_No,@sex,@age,@dorm,@tel)
END
RETURN
GO
```

(2) 修改学生记录的存储过程 StudentUpdate,可输入并执行如下代码:

```
USE STUDENTMANAGE
GO
CREATE PROCEDURE StudentUpdate
(@StudentNo varchar(20),@StudentName varchar(20),@ClassNo char(10),
@sex char(2),@age int,@dorm char(20),@tel varchar(15))
AS
BEGIN
    UPDATE StudentInfo
    SET Student_Name=@Student_Name,
    Class_No=@Class_No,
    sex=@sex,
    age=@age,
    dorm=@dorm,
    tel=@tel
    where Student_No=@Student_No
END
RETURN
GO
```

(3) 删除学生记录的存储过程 StudentDelete,可输入并执行如下代码:

```
USE STUDENTMANAGE
GO
CREATE PROCEDURE StudentDelete
(@Student_No varchar(20))
AS
BEGIN
    DELETE FROM StudentInfo
    WHERE Student_No=@Student_No
END
RETURN
```

GO

（4）调用存储过程，分析一下此段程序执行时可能出现哪几种情况。可输入、执行如下代码并分析：

```
USE STUDENTMANAGE
exec StudentAdd '1009','黄小丫','100108002','女','20','2-222','88154567'
GO
USE STUDENTMANAGE
exec StudentUpdate '1009','黄小丫','100108002','女','21','2-212','88154567'
GO
USE STUDENTMANAGE
exec StudentDelete '1006'
GO
```

3. 创建事务

在查询分析器窗口中，输入并执行如下代码：

```
SELECT @@trancount as trancount 的值
BEGIN TRANSACTION
    USE STUDENTMANAGE
    INSERT INTO GRADEINFO(student_no,course_no,grade)
                                      '向 gradeinfo 表中插入一行数据
    VALUES(1007'','01002',89)
    SAVE TRANSACTION   my            '定义保存点 my
    DELETE FROM GRADEINFO WHERE GRADE<60
    SELECT @@TRANCOUNT AS TRANCOUNT 的值
    ROLLBACK TRAN   my               '使用 ROLLBACK 语句将操作回滚到保存点
    COMMIT TRAN                      '结束事务
    SELECT @@trancount as trancount 的值
END
SELECT * FROM GRADEINFO
GO
```

（四）实验体验

1. 实验题目

（1）创建存储过程 pro_ave_grade，根据"姓名"查询学生姓名和平均成绩，如果执行时没有带参数，则显示姓氏为"陈"的学生的平均成绩。

（2）创建触发器 tri_del_student，当删除表 StudentInfo 中的记录时，同时删除表 GradeInfo 中的相应记录。

（3）编写一个事务控制程序，向 GradeInfo 表中插入一行数据，然后删除该行。执行结果是此行没有删除。要求在删除命令前定义保存点 my，并使用 Rollback 语句将操作回滚到保存点,即向 GradeInfo 表成功插入一行数据,观察全局变量@@trancount 的值的变化。

2. 实验要求

(1) 首先通过企业管理器创建存储过程和触发器。

(2) 然后通过 SQL 语句创建存储过程和触发器。

(3) 通过 SQL 语句创建事务。

(4) 实验完成后,通过截图的形式,将实现上述三个题目要求的脚本程序代码贴入实验报告中。

第二篇

测试题及其解答

本篇根据《数据库应用教程》主教材的内容并参照全国计算机等级考试大纲的要求,按章精心设计了11套测试题,供读者对数据库知识和技术的掌握程度进行自我测试之用,并附有参考答案供对照。

第1章 数据库基础知识测试题

一、选择题(每题1分,共40分)

1. 数据库的概念模型独立于_____。
   A. 具体的机器和 DBMS   B. E-R 图
   C. 信息世界   D. 现实世界

2. 数据库系统中,数据的物理独立性是指_____。
   A. 数据库与数据库管理系统的相互独立
   B. 用户程序与 DBMS 的相互独立
   C. 用户的应用程序与存储在磁盘上的数据库中的数据是相互独立的
   D. 应用程序与数据库中数据的逻辑结构相互独立

3. 现实世界中,客观存在并能相互区别的事物称为_____。
   A. 实体   B. 实体集   C. 字段   D. 记录

4. 下列实体类型的联系中,属于一对一联系的是_____。
   A. 教研室对教师的所属联系   B. 父亲对孩子的亲生联系
   C. 省对省会的所属联系   D. 供应商与工程项目的供贷联系

5. 采用二维表格结构表达实体类型及实体间联系的数据模型是_____。
   A. 层次模型   B. 网状模型   C. 关系模型   D. 实体联系模型

6. 数据库系统中,DB,DBMS 和 DBS 三者之间的关系是_____。
   A. DB 包括 DBMS 和 DB   B. DBS 包括 DB 和 DBMS
   C. DBMS 包括 DB 和 DBS   D. DBS 与 DB 和 DBMS 无关

7. 数据库系统中,用_____描述全部数据的整体逻辑结构。
   A. 外模式   B. 存储模式   C. 内模式   D. 概念模式

8. 数据库系统中,用户使用的数据视图采用_____描述,该视图是用户与数据库系统之间的接口。
   A. 外模式   B. 存储模式   C. 内模式   D. 概念模式

9. 数据库的物理数据独立性是指_____。
   A. 概念模式改变,外模式和应用程序不变   B. 概念模式改变,内模式不变

    C. 内模式改变,概念模式不变   D. 内模式改变,外模式和应用程序不变

10. 数据库系统中,负责物理结构与逻辑结构的定义和修改的人员是_____。

    A. 数据库管理员   B. 专业用户   C. 应用程序员   D. 最终用户

11. 数据库系统中,使用专用的查询语言操作数据的人员是_____。

    A. 数据库管理员   B. 专业用户   C. 应用程序员   D. 最终用户

12. 存储在计算机外部存储介质上的结构化的数据集合,其英文名称是_____。

    A. Data Dictionary(简写 DD)   B. Data Base System(简写 DBS)

    C. Data Base(简写 DB)   D. Data Base Management System(简写 DBMS)

13. 在数据库中,下列不正确的说法是_____。

    A. 数据库避免了一切数据的重复

    B. 若系统是完全可以控制的,则系统可以确保更新时的一致性

    C. 数据库中的数据可以共享

    D. 数据库减少了数据冗余

14. 在数据库中存储的是_____。

    A. 数据   B. 数据模型

    C. 数据及数据之间的联系   D. 信息

15. 在数据库中,产生数据不一致的根本原因是_____。

    A. 数据存储量大   B. 没有严格保护数据

    C. 未对数据进行完整性控制   D. 数据冗余

16. 数据库管理系统(DBMS)是_____。

    A. 一个完整的数据库应用系统   B. 一组硬件

    C. 一组系统软件   D. 既有硬件,也有软件

17. 数据模型是_____。

    A. 文件的集合   B. 记录的集合

    C. 数据的集合   D. 记录及其联系的集合

18. 下列数据库的三级模式之间存在的映像关系中,正确的是_____。

    A. 外模式/内模式   B. 外模式/模式

    C. 内模式/模式   D. 模式/模式

19. DB 的三级模式结构中,最接近外部存储器的是_____。

    A. 子模式   B. 外模式   C. 概念模式   D. 内模式

20. 数据模型的三要素是_____。

    A. 外模式、模式和内模式   B. 关系模型、层次模型、网状模型

    C. 实体、属性和联系   D. 数据结构、数据操作和完整性约束

21. E-R 方法的三要素是_____。

    A. 实体、属性、实体集   B. 实体、键、联系

    C. 实体、属性、联系   D. 实体、域、候选键

22. 概念设计的结果是_____。

    A. 一个与 DBMS 相关的概念模式   B. 一个与 DBMS 无关的概念模式

    C. 数据库系统的公用视图   D. 数据库系统的数据词典

23. 数据库管理系统中,用于定义和描述数据库逻辑结构的语言称为_____。

    A. DDL   B. SQL   C. DML   D. QBE

24. 应用数据库的主要目的是为了_____。

    A. 解决保密问题   B. 解决数据完整性问题

    C. 共享数据问题   D. 解决数据量大的问题

25. DBS 是采用了数据库技术的计算机系统,它是一个集合体,包含数据库、计算机硬件、软件和_____。

    A. 系统分析员   B. 程序员   C. 数据库管理员   D. 操作员

26. 下列选项中,不属于数据库系统特点的是_____。

    A. 数据共享   B. 数据完整性   C. 数据冗余度高   D. 数据独立性高

27. 描述数据库全体数据的全局逻辑结构和特性的是_____。

    A. 模式   B. 内模式   C. 外模式   D. 用户模式

28. 要保证数据库的数据独立性,需要修改的是_____。

    A. 模式与外模式   B. 模式与内模式

    C. 三级模式之间的两种映射   D. 三级模式

29. 用户或应用程序看到的那部分局部逻辑结构和特征的描述是_____。

    A. 模式   B. 物理模式   C. 子模式   D. 内模式

30. 下列选项中,不属于 DBA 数据库管理员职责的是_____。

    A. 完整性约束说明   B. 定义数据库模式

    C. 数据库安全   D. 数据库管理系统设计

31. 关系数据库中的码是指_____。

    A. 能唯一确定关系的字段   B. 不可改动的专用保留字

    C. 关键的很重要的字段   D. 能唯一标识元组的属性或属性集合

32. 关系模型中,一个码_____。

    A. 可以由多个任意属性组成   B. 至多由一个属性组成

    C. 可以由一个或多个其值能唯一标识该关系模式中任何元组的属性组成

    D. A,B,C 都不是

33. 关系数据库管理系统应能实现的专门关系运算包括_____。

    A. 排序、索引、统计   B. 选择、投影、连接

    C. 关联、更新、排序   D. 显示、打印、制表

34. 两个关系在没有公共属性时,其自然连接操作表现为_____。

    A. 结果为空关系   B. 笛卡儿积运算

    C. 等值连接操作   D. 无意义的操作

35. 已知 R 为 4 元关系 $R(A,B,C,D)$,S 为 3 元关系 $S(B,C,D)$,则 $R \times S$ 构成的结果集为_____元关系。

    A. 4   B. 3   C. 7   D. 6

36. 在数据库设计中,将 E-R 图转换成关系数据模型的过程属于_____。

    A. 需求分析阶段   B. 逻辑设计阶段   C. 概念设计阶段   D. 物理设计阶段

37. 子模式 DDL 用来描述_____。

    A. 数据库的总体逻辑结构   B. 数据库的局部逻辑结构

    C. 数据库的物理存储结构   D. 数据库的概念结构

38. 在关系数据库设计中,设计关系模式是数据库设计中_____的任务。

    A. 逻辑设计阶段　　B. 概念设计阶段　　C. 物理设计阶段　　D. 需求分析阶段

39. 在数据库概念设计的 E-R 图中,用属性描述实体的特征,属性在 E-R 图中用_____表示。

    A. 矩形　　　　　　B. 四边形　　　　　C. 菱形　　　　　　D. 椭圆形

40. 如果采用关系数据库来实现应用,可在数据库设计的_____阶段将关系模式进行规范化处理。

    A. 需求分析　　　　B. 概念设计　　　　C. 逻辑设计　　　　D. 物理设计

二、填空题(每空 1.5 分,共 30 分)

1. 数据库技术采用分级方法将数据库的结构划分成多个层次,是为了提高数据库的逻辑独立性和_____。

2. 数据库中存储的基本对象是_____。

3. 能唯一标识实体的属性集,称为_____。

4. 数据模型的三要素包含数据结构、_____和_____三部分。

5. 在 E-R 图中,用_____表示实体类型;用_____表示联系类型;用_____表示实体类型和联系类型的属性。

6. DBS 中最重要的软件是_____;最重要的用户是_____。

7. 两个实体之间的联系有_____、_____、_____三种。

8. 关系的完整性分为_____、_____、_____三类。

9. 关系代数运算中,专门的关系运算是_____、_____、_____和_____。

三、判断题(每题 1 分,共 10 分,正确的打"√",错误的打"×")

1. 数据库系统的三级模式是指外模式、模式、子模式。　　　　　　　　　　　　(　　)

2. 子模式用于描述数据库的全局逻辑结构。　　　　　　　　　　　　　　　　(　　)

3. 逻辑数据独立性是指概念模式改变,外模式和应用程序不变。　　　　　　　(　　)

4. ORACLE 数据库管理系统是网状型的。　　　　　　　　　　　　　　　　　(　　)

5. 关系模型是由一个或多个关系组成的集合。　　　　　　　　　　　　　　　(　　)

6. 数据库系统中核心的软件是 DBMS。　　　　　　　　　　　　　　　　　　(　　)

7. 在数据库的三级模式结构中,单个用户使用的数据视图的描述,称为模式。　(　　)

8. 从关系中挑选出指定的属性组成新关系的运算称为投影。　　　　　　　　　(　　)

9. 在数据表中,任意两列的值不能相同。　　　　　　　　　　　　　　　　　(　　)

10. 关系数据库中,实体之间的联系是通过表与表之间的公共属性来实现的。　(　　)

四、简答题(每题 4 分,共 20 分)

1. 试述数据库系统的三级模式结构,其优点是什么?

2. 什么是数据库的逻辑独立性?什么是数据库的物理独立性?为什么数据库系统具有数据与程序的独立性?

3. 数据库系统由哪几部分组成?

4. DBA 的职责是什么?

5. 数据库管理系统有哪些功能?

第2章　SQL语言测试题

一、选择题（每小题1分，共40分）

1. 在SQL语言中，用来插入数据的命令动词是_____。
   A. INSERT,UPDATE
   B. UPDATE,INSERT
   C. DELETE,UPDATE
   D. CREATE,INSERT INTO

2. UPDATE命令动词的功能是_____。
   A. 属于数据定义功能
   B. 属于数据查询功能
   C. 可以修改表中某些列的属性
   D. 可以修改表中某些列的内容

3. 已知设定连接条件为"student.姓名＝xscj.姓名"，若要在查询结果中显示"student"表中的所有记录及"xscj"表中满足条件的记录，则连接类型应为_____。
   A. 内部连接
   B. 左连接
   C. 右连接
   D. 完全连接

4. 查询的数据源可以是_____。
   A. 自由表
   B. 数据库表
   C. 视图
   D. A,B,C均可

5. 在有关多表查询的结构中，以下说法正确的是_____。
   A. 只可包含其中一个表的字段
   B. 必须包含查询表的所有字段
   C. 可包含查询表的所有字段，也可只包含查询表部分字段
   D. A,B,C说法均不正确

6. SQL的数据操纵命令动词中，不包括_____。
   A. INSERT
   B. UPDATE
   C. DELETE
   D. CHANGE

7. 在SQL命令语句中，条件短语的关键字是_____。
   A. WHERE
   B. FOR
   C. WHILE
   D. CONDITION

8. 在SQL命令动词中，删除表记录的命令动词是_____。
   A. DROP TABLE
   B. DELETE TABLE
   C. ERASE TABLE
   D. DELETE

9. 在SQL命令语句中，用于分组的短语是_____。
   A. ORDER BY
   B. AVG
   C. GROUP BY
   D. SUM

10. INSERT命令语句的功能是_____。
    A. 属于数据定义功能
    B. 属于数据查询功能
    C. 可以向表中插入一行记录
    D. 可以向表中插入一行记录或多行记录

11. 以下SQL命令动词中，不属于数据定义功能的是_____。
    A. CREATE TABLE
    B. CREATE DBF
    C. UPDATE
    D. ALTER TABLE

12. 下面有关HAVING子句的描述中，错误的是_____。
    A. HAVING子句必须与GROUP BY子句同时使用，不能单独使用
    B. 使用HAVING子句的同时不能使用WHERE子句
    C. 使用HAVING子句的同时可以使用WHERE子句
    D. 使用HAVING子句的作用是限定分组的条件

13. 要计算职称为工程系列所有技术员(包括助理工程师,工程师和高级工程师)的工资总和,
    应该使用的命令子句是_____。

    A. SUM 工资 FOR′工程师′＄职称

    B. SUM 工资 FOR′职称′＞＝′助理工程师′

    C. SUM 工资 FOR′职称′＝′助理工程师′. AND. 职称＝′工程师′;
       . AND. 职称＝′高级工程师′

    D. SUM 工资 FOR′职称′＝′助理工程师′. OR.′工程师′. OR.′高级工程师′

14. 已知 SQL 命令语句如下:

    　　SELECT 　仓库号 MAX(工资) FROM 职工 GROUP BY 仓库号

    执行该命令语句后,查询结果中的记录条数是_____。

    A. 0　　　　　　　B. 1　　　　　　　C. 3　　　　　　　D. 5

15. 已知 SQL 命令语句如下:

    　　SELECT SUM (工资) FROM 职工

    执行该命令语句后,查询结果是_____。

    A. 工资的最大值　　B. 工资的最小值　　C. 工资的平均值　　D. 工资的合计

16. 下面的 SQL 命令动词中,用于修改表结构的是_____。

    A. ALTER　　　　B. CREATE　　　　C. UPDATE　　　　D. INSERT

17. 已知 SQL 命令语句如下:

    　　SELECT ＊ TOP 1 FROM 职工 ORDER BY 工资

    执行该命令语句后,查询结果中的记录条数是_____。

    A. 0　　　　　　　B. 1　　　　　　　C. 3　　　　　　　D. 5

18. 检索所有比"王华"年龄大的学生的姓名、年龄和性别。正确的 SELECT 语句是_____。

    A. SELECT SN,AGE,SEX FROM s;
       WHERE AGE ＞(SELECT AGE FROM s WHERE SN＝′王华′)

    B. SELECT SN,AGE,SEX FROM s WHERE SN＝′王华′

    C. SELECT SN,AGE,SEX FROM s;
       WHERE AGE ＞(SELECT AGE WHERE SN＝′王华′)

    D. SELECT SN,AGE,SEX FROM s WHERE AGE ＞′王华′

19. 从数据库中删除表的命令语句是_____。

    A. DROP TABLE　　　　　　　　B. ALTER TABLE

    C. DELETE TABLE　　　　　　　D. USE

20. 从"books"表中返回前面5条记录,并显示图书的"书名"、"作者"两列信息,其正确的 SQL
    语句是_____。

    A. SELECT TOP 5 书名,作者 FROM books

    B. SELECT TOP －5 书名,作者 FROM books

    C. SELECT 5 书名,作者 FROM books

    D. SELECT TOP 5 FROM books

21. 从"books"表中返回排列在前面20％的图书记录,并显示图书的"书名"、"作者"、"定价" 3
    列信息,其正确的 SQL 语句是_____。

    A. SELECT 20 PERCENT 　书名,作者,定价 FROM books

    B. SELECT TOP 20 PERCENT　书名,作者,定价 FROM books

    C. SELECT TOP 20 书名,作者,定价 FROM books

    D. SELECT TOP 20 PERCENT　FROM books

22. 从"readers"读者信息表中返回前面 2 条记录,并按已借数量降序排列,其正确的 SQL 语句是_____。

    A. SELECT 2　WITH TIES　*

    FROM readers

    ORDER BY 已借数量 DESC

    B. SELECT TOP 2　WITH TIES　*

    FROM readers

    ORDER BY 已借数量

    C. SELECT TOP 2　FROM readers

    ORDER BY 已借数量 DESC

    D. SELECT TOP 2　WITH TIES　*

    FROM readers

    ORDER BY 已借数量 DESC

23. 查询读者借阅状况表中"读者编号"、"读者姓名"及"可借阅数量"信息,其正确的 SQL 命令语句是_____。

    A. SELECT　'读者号'=读者编号,'读者姓名'=姓名,

          '可借阅数量'=限借数量-已借数量

    FROM 读者借阅状况表

    B. SELECT　'读者号'　读者编号,'读者姓名'　姓名,

          '可借阅数量'=限借数量-已借数量

    FROM 读者借阅状况表

    C. SELECT　读者编号,姓名,

          '可借阅数量'=限借数量-已借数量

    FROM 读者借阅状况表

    D. SELECT　'读者号'=读者编号,'读者姓名'=姓名,

          限借数量-已借数量

    FROM 读者借阅状况表

24. 查询所有满足读者编号以"2004"开头的 readers 的记录,其正确的 SQL 命令语句是_____。

    A. SELECT　*　FROM readers　WHERE 编号 LIKE '_2004%'

    B. SELECT　*　FROM readers　WHERE 编号 LIKE '2004'

    C. SELECT　*　FROM readers　WHERE 编号 LIKE 2004%

    D. SELECT　*　FROM readers　WHERE 编号 LIKE '2004%'

25. 将查询范围限定在第 10 个字符为"3"、"6"中的一个,其正确的 SQL 命令语句是_____。

    A. SELECT　*　FROM readers　WHERE 编号 LIKE '2004_____36'

    B. SELECT　*　FROM readers　WHERE 编号 LIKE '[36]'

    C. SELECT　*　FROM readers　WHERE 编号 LIKE '2004_____[36]'

D. SELECT ＊ FROM readers WHERE 编号 LIKE ′2004 36′

26. 查询借阅信息表"Borrowinf"中图书编号以 A～F 的字符开头的所有借阅者信息,其正确的 SQL 命令语句是_____。

   A. SELECT ＊ FROM borrowinf WHERE 图书编号 LIKE ′[A-F]′

   B. SELECT ＊ FROM borrowinf WHERE 图书编号 LIKE ′[A-F]_′

   C. SELECT ＊ FROM borrowinf WHERE 图书编号 LIKE ′[A-F]％′

   D. SELECT ＊ FROM borrowinf WHERE 图书编号 LIKE ′％[A-F]％′

27. 查询每个读者的详细信息包括读者信息以及借阅图书信息,允许有重复列,其正确的 SQL 命令语句是_____。

   A. SELECT ＊,borrowinf. ＊ FROM readers

     INNER JOIN borrowinf ON readers. 编号＝borrowinf. 读者编号

   B. SELECT readers. ＊,borrowinf. ＊ FROM readers

     INNER JOIN borrowinf readers. 编号＝borrowinf. 读者编号

   C. SELECT readers. ＊,borrowinf. ＊ FROM readers

     INNER JOIN borrowinf ON readers. 编号＝borrowinf. 读者编号

   D. SELECT readers. ＊,borrowinf. ＊ FROM readers

     INNER JOIN borrowinf

28. 查询读者类型为 1(教师)的所有读者的读者信息和借阅信息,若允许有重复列,则其正确的 SQL 命令语句是_____。

   A. SELECT ＊ FROM readers INNER JOIN borrowinf

        ON r . 编号＝b. 读者编号

    WHERE r. 读者类型＝1

   B. SELECT ＊ FROM readers r INNER JOIN borrowinf b

        ON r . 编号＝b. 读者编号

    WHERE r. 读者类型＝1

   C. SELECT ＊ FROM r INNER JOIN b

        ON r . 编号＝b. 读者编号

    WHERE r. 读者类型＝1

   D. SELECT ＊ FROM readers r INNER JOIN borrowinf b

    WHERE r. 读者类型＝1

29. 查询每个读者的详细信息包括读者信息以及借阅图书信息,若不允许有重复列,则其正确的 SQL 命令语句是_____。

   A. SELECT r. 编号,r. 姓名,rt. 类型名称 as 读者类型,

       图书编号,借期,还期

    FROM readers r INNER JOIN borrowinf

        ON r. 编号＝borrowinf. 读者编号

   B. SELECT r. 编号,r. 姓名,rt. 类型名称 as 读者类型,

       图书编号,借期,还期

    FROM readers r INNER JOIN borrowinf

        ON 编号＝读者编号 INNER JOIN readertype rt

　　　　　　ON 读者类型＝类型编号

　　C. SELECT r.编号,r.姓名,rt.类型名称 as 读者类型,

　　　　　　图书编号,借期,还期

　　　　FROM readers r INNER JOIN borrowinf readertype rt

　　　　　　ON r.读者类型＝rt.类型编号

　　D. SELECT r.编号,r.姓名,rt.类型名称 as 读者类型,

　　　　　　图书编号,借期,还期

　　　　FROM readers r INNER JOIN borrowinf

　　　　　　ON r.编号＝borrowinf.读者编号 INNER JOIN readertype rt

　　　　　　ON r.读者类型＝rt.类型编号

30. 查询 2004 年 8 月 26 日借书的读者的姓名,其正确的 SQL 命令语句是_____。

　　A. SELECT 姓名

　　　　FROM readers INNER JOIN borrowinf

　　　　　　ON readers.编号＝borrowinf.读者编号

　　　　WHERE 借期＝2004-8-26

　　B. SELECT 姓名

　　　　FROM readers INNER JOIN borrowinf

　　　　　　ON readers.编号＝borrowinf.读者编号

　　C. SELECT 姓名

　　　　FROM readers INNER JOIN borrowinf

　　　　WHERE 借期＝'2004-8-26'

　　D. SELECT 姓名

　　　　FROM readers INNER JOIN borrowinf

　　　　　　ON readers.编号＝borrowinf.读者编号

　　　　WHERE 借期＝'2004-8-26'

31. 查询所有读者信息,以及读者的借阅信息,其正确的 SQL 命令语句是_____。

　　A. SELECT 读者编号,图书编号

　　　　FROM readers LEFT OUTER JOIN borrowinf

　　　　　　ON readers.编号＝borrowinf.读者编号

　　B. SELECT 读者编号,图书编号

　　　　FROM readers LEFT OUTER JOIN borrowinf

　　　　　　ON readers.编号＝borrowinf.读者编号

　　C. SELECT readers. * ,读者编号,图书编号

　　　　FROM readers OUTER JOIN borrowinf

　　　　　　ON readers.编号＝borrowinf.读者编号

　　D. SELECT readers. * ,读者编号,图书编号

　　　　FROM readers LEFT OUTER JOIN borrowinf

　　　　　　ON readers.编号＝borrowinf.读者编号

32. 查询所有借阅信息,以及相应的读者信息,其正确的 SQL 命令语句是_____。

　　A. SELECT readers. * ,读者编号,图书编号

    FROM readers left OUTER JOIN borrowinf

      ON readers. 编号＝borrowinf. 读者编号

  B. SELECT readers. ∗,读者编号,图书编号

    FROM readers JOIN borrowinf

      ON readers. 编号＝borrowinf. 读者编号

  C. SELECT ∗

    FROM readers RIGHT OUTER JOIN borrowinf

      ON readers. 编号＝borrowinf. 读者编号

  D. SELECT readers. ∗,读者编号,图书编号

    FROM readers RIGHT OUTER JOIN borrowinf

      ON readers. 编号＝borrowinf. 读者编号

33. 查询每个读者的详细信息包括读者信息以及借阅图书信息,若不允许有重复列,则其正确的 SQL 命令语句是_____。

  A. SELECT readers. ∗,读者编号,图书编号

    FROM borrowinf FULL OUTER JOIN readers

      ON readers. 编号＝borrowinf. 读者编号

  B. SELECT readers. ∗,读者编号,图书编号

    FROM borrowinf OUTER JOIN readers

      ON readers. 编号＝borrowinf. 读者编号

  C. SELECT readers. ∗,读者编号,图书编号

    FROM borrowinf FULL OUTER JOIN readers

  D. SELECT ∗,读者编号,图书编号

    FROM borrowinf FULL OUTER JOIN readers

      ON readers. 编号＝borrowinf. 读者编号

34. 查询至少有两本相同书名的所有图书的信息,包括"编号"、"书名"和"作者",其正确的 SQL 命令语句是_____。

  A. SELECT 编号,书名,作者

    FROM books a JOIN books b

      ON a. 书名＝b. 书名

    WHERE a. 编号〈〉b. 编号

  B. SELECT a. 编号,a. 书名,a. 作者

    FROM books a JOIN books b

      ON a. 书名＝b. 书名

  C. SELECT a. 编号,a. 书名,a. 作者

    FROM books a JOIN books b

      ON a. 书名＝b. 书名

    WHERE a. 编号〈〉b. 编号

  D. SELECT a. 编号,a. 书名,a. 作者

    FROM books a JOIN books b

    WHERE a. 编号〈〉b. 编号

35. 查询借阅了"青山出版社"的图书的"读者编号",其正确的 SQL 命令语句是_____。

   A. SELECT DISTINCT 读者编号

      FROM borrowinf

      WHERE 图书编号(SELECT 编号

                   FROM books

                   WHERE 出版社＝′青山′)

   B. SELECT DISTINCT 读者编号

      FROM borrowinf

      WHERE 图书编号 IN

            (SELECT 编号

            FROM books

            WHERE 出版社＝′青山′)

   C. SELECT DISTINCT 读者编号

      FROM borrowinf

      WHERE 图书编号 IN

            (SELECT 编号

            FROM books)

   D. SELECT DISTINCT 读者编号

      FROM borrowinf

      WHERE 图书编号 IN

            (SELECT 读者编号

            FROM books

            WHERE 出版社＝′青山′)

36. 查询没有借阅图书的读者的详细情况,其正确的 SQL 命令语句是_____。

   A. SELECT ＊

      FROM readers

      WHERE 编号 NOT IN

            (SELECT DISTINCT 读者编号

            FROM borrowinf)

   B. SELECT ＊

      FROM readers

      WHERE 编号 IN

            (SELECT DISTINCT 读者编号

            FROM borrowinf)

   C. SELECT ＊

      FROM readers

      WHERE 编号＝

            (SELECT DISTINCT 读者编号

            FROM borrowinf)

   D. SELECT ＊

FROM readers

WHERE 编号 NOT IN

（SELECT 读者编号

FROM borrowinf)

37. 查询"读者编号"最大的读者的借书情况,其正确的 SQL 命令语句是_____。

A. SELECT ＊ FROM 借阅情况表

WHERE 读者编号＜＝ALL

（SELECT 编号

FROM readers)

B. SELECT ＊ FROM 借阅情况表

WHERE 读者编号＞＝

（SELECT 编号

FROM readers)

C. SELECT ＊ FROM 借阅情况表

WHERE 读者编号＞＝any

（SELECT 编号

FROM readers)

D. SELECT ＊ FROM 借阅情况表

WHERE 读者编号＞＝ALL

（SELECT 编号

FROM readers)

38. 对查询借阅了"青山出版社"的图书的"读者编号",也可以用 EXISTS 子查询来实现,其正确的 SQL 命令语句是_____。

A. SELECT DISTINCT 读者编号

FROM borrowinf

WHERE EXISTS

（SELECT ＊

FROM books

WHERE books. 编号＝borrowinf. 图书编号)

B. SELECT DISTINCT 读者编号

FROM borrowinf

WHERE EXISTS

（SELECT ＊

FROM books

WHERE 出版社＝′青山′)

C. SELECT DISTINCT 读者编号

FROM borrowinf

WHERE not EXISTS

（SELECT ＊

FROM books

　　　　WHERE　books. 编号＝borrowinf. 图书编号

　　　　　AND 出版社＝'青山')

　　D. SELECT DISTINCT 读者编号

　　FROM borrowinf

　　WHERE EXISTS

　　　　（SELECT ＊

　　FROM books

　　WHERE books. 编号＝borrowinf. 图书编号

　　　　AND 出版社＝'青山')

39. 对查询没有借阅图书的读者的详细情况,同样也可以用 NOT EXISTS 子查询来实现,其
　　正确的 SQL 命令语句是_____。

　　A. SELECT ＊

　　FROM readers

　　WHERE EXISTS

　　　　（SELECT ＊

　　　　FROM borrowinf

　　　　WHERE　borrowinf. 读者编号＝readers. 编号)

　　B. SELECT ＊

　　FROM readers

　　WHERE NOT EXISTS

　　　　（SELECT ＊

　　　　FROM borrowinf

　　　　)

　　C. SELECT ＊

　　FROM readers

　　WHERE NOT EXISTS

　　　　（SELECT ＊

　　　　FROM borrowinf

　　　　WHERE　borrowinf. 读者编号＝readers. 编号)

　　D. SELECT ＊

　　FROM readers

　　WHERE EXISTS

　　　　（SELECT ＊

　　　　FROM borrowinf

　　　　)

40. 查询"books"表中价格最低的图书编号和书名,其正确的 SQL 命令语句是_____。

　　A. SELECT 编号,书名

　　FROM books

　　WHERE 定价＝（SELECT min(定价)

　　　　　　FROM books)

B. SELECT 编号,书名
　　FROM books
　　WHERE 定价＝(SELECT max(定价)
　　　　　　　　　　FROM books)

C. SELECT 编号,书名
　　FROM books
　　WHERE 定价＜(SELECT min(定价)
　　　　　　　　　　FROM books)

D. SELECT 编号,书名
　　FROM books
　　WHERE 定价＝(SELECT min(定价))

二、填空题(每小题 1.5 分,共 30 分)

1. 非关系数据模型的数据操纵语言是_____的,而关系数据库的标准语言 SQL 是面向集合的语言。

2. SQL 语言的功能包括_____、_____、_____和_____。

3. SQL 语言以同一种语法格式,提供_____和_____两种使用方式。

4. SELECT 命令语句中,_____子句用于选择满足给定条件的元组,使用_____子句可按指定列的值分组,同时使用_____子句可提取满足条件的组。

5. 在 SQL 语言中,如果希望将查询结果排序,应在 SELECT 命令语句中使用_____子句,其中_____选项表示升序,_____选项表示降序。

6. 使用 SELECT 命令语句进行查询时,若希望查询的结果不出现重复元组,应在 SELECT 子句中使用_____保留字。

7. 在 SQL 语言的 WHERE 子句的条件表达式中,字符串匹配的操作符是_____;与 0 个或多个字符匹配的通配符是_____;与单个字符匹配的通配符是_____。

8. 子查询的条件不依赖于父查询,这类查询称之为_____,否则称之为_____。

9. 在 SQL 语言中,使用_____命令语句建立基本表。

10. 在 SQL 语言中,使用_____命令语句修改数据库模式。

11. 在 SQL 语言的 SELECT 语句中,不仅可以出现属性名,还可以出现_____。

12. 当基本表中增加一个新列后,各元组在新列上的值是_____。

13. SQL 语言对嵌套查询的处理方式是从_____层向_____层处理。

14. 在 SQL 语言中,与关系代数中的投影运算对应的子句是_____。

15. 关系数据库的标准语言是_____。

16. 在 SELECT 命令语句中,使用"＊"表示_____。

17. 在 SELECT 命令语句中使用 MIN(属性名)时,其属性名类型必须是_____。

18. 在 SQL 语言中使用 UPDATE 对表中数据进行修改时,应使用的子句是_____。

19. 在 SQL 语言的命令语句中,ALTER 的作用是_____。

20. 在 SELECT 命令语句中使用 AVG(属性名)时,其属性名类型必须是_____。

三、判断题(正确的打"√",错误的打"×",每小题 1 分,共 10 分)

1. 可以用关键字"AS"给某个属性命别名。　　　　　　　　　　　　　　　(　　)

2. "=NULL"表示一个值是空值。　　　　　　　　　　　　　　　　　(　　)

3. "%"表示任意一个字符," - "表示任意数量的字符。　　　　　　　　　(　　)

4. 在 SQL 语言的命令语句中,ORDER BY 表示对输出结果进行排序。　　　(　　)

5. 在 SQL 语言的命令语句中,EXISTS 的含义与存在量词相同。　　　　　(　　)

6. ALTER TABLE Movie

   MODIFY Title char(15)

   命令语句表示将 Title 属性的数据类型改成字符串型,长度为 15。　　　　(　　)

7. 当查询语句中有 HAVING 子句时,则一定有 GROUP BY 子句。　　　　(　　)

8. 当插入语句 INSERT 省略了字段名时,则插入值必须与表中字段名顺序一致。(　　)

9. Delete 命令不仅可以删除表记录,而且可以删除表结构。　　　　　　　(　　)

10. 修改命令 UPDATE 可以修改表结构。　　　　　　　　　　　　　　(　　)

四、简答题(每小题 4 分,共 20 分)

1. 什么是嵌套查询? 什么是相关子查询?

2. 简述 SQL 语言的主要特点?

3. 相关子查询和不相关子查询的区别是什么?

4. 为什么要引入嵌入式 SQL?

5. 简述查询优化的优化策略?

第3章　Access数据库和表测试题

一、单项选择题(每小题1分,共40分)

1. Access 是一个_____。
   A. 层次型数据库　　　　　　　　　　B. 关系型数据库
   C. 层次型数据库管理系统　　　　　　D. 关系型数据库管理系统

2. Access 的主要功能是_____。
   A. 修改数据、查询数据和统计分析　　B. 管理数据、存储数据、打印数据
   C. 进行数据库管理程序设计　　　　　D. 建立数据库、维护数据库和使用数据库

3. 建立 Access 数据库要创建一系列对象,其中最基本的对象是创建_____。
   A. 数据库的查询　　　　　　　　　　B. 数据库基本表
   C. 基本表之间的关系　　　　　　　　D. 数据库报表

4. 数据库由数据基本表、表与表之间的关系、查询、窗体、报表等对象构成,其中数据基本表是_____。
   A. 数据查询的工具　　　　　　　　　B. 数据库之间交换信息的通道
   C. 数据库的结构,由若干字段组成　　D. 一个二维表,它由一系列记录组成

5. 查询是_____。
   A. 维护、更新数据库的主要工具
   B. 了解用户需求、以便修改数据库结构的主要窗口
   C. 由一系列记录组成的一个工作表
   D. 在一个或多个数据表中检索指定的数据的手段

6. 报表是_____。
   A. 按照需要的格式浏览、打印数据库中数据的工具
   B. 数据库的一个副本
   C. 数据基本表的硬拷贝
   D. 实现查询的主要方法

7. 在以下关于确定字段名称和数据类型的叙述中:
   ① 可以直接输入字段名,最长可达 256 个字符
   ② 可以利用"生成器"快捷键,在其中选用现成的字段
   ③ 确定字段名称后将光标移到数据类型列,利用下拉列表选择合适的数据类型
   ④ 确定字段名称后将光标移到数据类型列,直接输入数据类型
   正确的是_____。
   A. ①③④　　　　B. ①②④　　　　C. ②③④　　　　D. ①②③

8. Access 数据库的设计一般由以下 5 个步骤组成:
   ① 确定数据库中的表　　② 确定表中的字段　　　　③ 确定主关键字
   ④ 分析建立数据库的目的　　⑤ 确定表之间的联系
   对于以上步骤的顺序,正确的是_____。
   A. ④①②⑤③　　B. ④①②③⑤　　C. ③④①②⑤　　D. ③④①⑤②

9. 某学校准备建立一个"教学管理"数据库,该数据库由教师表、学生表、课程表、选课表组成。其中,教师表由 TeacherID,TeacherName,Sex,[Telephote]组成,并且确定该表的主关键字为 TeacherName。以下分析中,正确的是_____。

　　A. 教师表字段命名是错误,其他正确　　　　B. 教师表关键字选择错误,其他正确

　　C. 教师表字段名和主关键字有错误　　　　D. 该表设计没有错误

10. 某学校准备建立一个"教学管理"数据库,该数据库由教师表、学生表、课程表、选课表组成,其中学生表中有学号、姓名、性别、系别、年龄、籍贯,则应确定学生表的主关键字为_____。

　　A. 姓名　　　　　　B. 学号　　　　　　C. 系别　　　　　　D. 性别

11. 将所有字符转换成大写的输入掩码是_____。

　　A. >　　　　　　　B. <　　　　　　　C. 0　　　　　　　D. #

12. 将所有字符转换成小写的输入掩码是_____。

　　A. >　　　　　　　B. <　　　　　　　C. 0　　　　　　　D. 9

13. 若要添加一存放 Internet 站点网址的字段,则该字段的数据类型是_____。

　　A. OLE 对象　　　B. 超级链接　　　　C. 查询向导　　　　D. 数字

14. Access 2003 数据库由数据库基本表、表与表之间的关系、查询、窗体、报表等对象构成,这些对象_____。

　　A. 都存放在以 .mdb 为扩展名的数据库文件中

　　B. 各自分别作为一个文件存储

　　C. 数据库基本表单独作为一个文件存储,其余作为另一个文件存储

　　D. 不一定全部出现在一个数据库中

15. 使用表设计器创建表的步骤依次是_____。

　　A. 打开表设计器、定义字段、设定主关键字、设定表的属性和表的存储

　　B. 打开表设计器、设定主关键字、定义字段、设定表的属性和表的存储

　　C. 打开表设计器、定义字段、定义表的属性、表的存储和设定主关键字

　　D. 打开表设计器、设定表的属性、表的存储、定义字段和设定主关键字

16. 在数据表视图方式下,用户可以进行多种操作,这些操作包括_____。

　　① 更改数据表的显示方式

　　② 修改表中记录的数据

　　③ 对表中记录的查找、排序、筛选和打印

　　A. ①②　　　　　　B. ①③　　　　　　C. ①②③　　　　　D. ②③

17. 在 Access 数据库中,空数据库是指_____。

　　A. 没有基本表的数据库　　　　　　　　B. 没有窗体、报表的数据库

　　C. 没有任何数据库对象的数据库　　　　D. 数据库中数据是空的

18. 当文本字段取值超过 255 个字符时,应改用的数据类型是_____。

　　A. 数字　　　　　　B. 备注　　　　　　C. OLE 对象　　　D. 超链接

19. 以下关于修改基本表的叙述中,正确的是_____。

　　① 修改表时,对已经建立关系的表,要同时对相互关联的表进行修改

　　② 修改表前必须将要修改的表关闭

　　③ 在建立了关系的表中更改关键字段必须在"编辑关系"对话框中进行

    A. ①②   B. ①②③   C. ①③   D. ②③

20. 查找数据时,若查找的内容为"b[! aeu]ll",则可以找到的字符串是_____。

    A. bill   B. ball   C. bell   D. bull

21. 查找数据时,若查找的内容为"b[aeu]ll",则可以找到的字符串是_____。

    A. bill   B. ball   C. bbll   D. bcll

22. 可以找到 why,而找不到 whait 的命令是 wh_____。

    A. *   B. ?   C. #   D. [ ]

23. 可以找到 103,113,123,133 的命令是 1_____3。

    A. !   B. ?   C. #   D. _

24. 可以找到 bad,bbd,bcd 的命令是 b[a_____c]d。

    A. !   B. ?   C. #   D. _

25. 在 Access 数据库窗口中创建一个新表有许多种方法,但不包括_____。

    A. 使用向导创建表   B. 使用自动窗体创建表

    C. 使用设计器创建表   D. 通过输入数据创建表

26. Access 数据库中,每一个表都必须有一个主关键字("主键"),它使记录具有唯一性。在以下未设定主关键字的数据表中设定主关键字的操作步骤的叙述中,正确的是_____。

    ① 以设计视图的方式打开要设定关键字的表,在表中选中要作为主关键字的字段。

    ② 单击工具栏中的"主键"快捷键,则该字段前将显示主关键字符号。

    A. ②   B. ①   C. ①②都是   D. ①②都不是

27. 以下关于"输入掩码"的叙述中,错误的是_____。

    A. 掩码是字段中所有数据的模式

    B. Access 只为"文本"和"日期/时间"型字段提供了"输入掩码向导"

    C. 设置掩码时,可以用一串代码作为预留区来扭伤一个输入掩码

    D. 所有数据类型都可以定义一个输入掩码

28. 可以选择输入字符或空格的输入掩码是_____。

    A. 0   B. &   C. C   D. A

29. 可以选择输入数字或空格的输入掩码是_____。

    A. 0   B. &   C. L   D. 9

30. 必须输入字符的输入掩码是_____。

    A. 0   B. &   C. C   D. A

31. 必须输入数字的输入掩码是_____。

    A. 0   B. &   C. 0   D. 9

32. 可以选择输入数字或字母的输入掩码是_____。

    A. a   B. ?   C. L   D. A

33. 必须输入数字或字母的输入掩码是_____。

    A. a   B. ?   C. #   D. A

34. 自动编号数据类型一旦被指定,就会永久地与_____。

    A. 字段链接   B. 记录链接   C. 表链接   D. 域链接

35. 以下所列不全包括在 Access 可用的 10 种数据类型中的是_____。

    A. 文本型、备注型、日期/时间型   B. 数字型、货币型、整型

C. 是/否型、OLE 对象、自动编号型   D. 超链接、查阅向导

36. 货币数据类型等价于_____。

     A. 整型   B. 长整型   C. 单精度   D. 双精度

37. 下面关于自动编号类型的叙述中,错误的是_____。

     A. 每次向表中添加新记录时,Access 会自动插入唯一的顺序号

     B. 一旦被指定,就永久与记录链接在一起

     C. 删除记录后,Access 不会对自动编号字段进行重新编号

     D. 被删除的自动编号型字段的值会被重新使用

38. 将文本字符串"23","18","9","66"按升序排序,排序的结果是_____。

     A. "23","18","9","66"   B. "66","23"",""18","9"

     C. "9","18","23","66"   D. "18","23","66","9"

39. 下列关于数据库对象的删除操作的叙述中,正确的是_____。

     ① 打开的对象不能删除

     ② 不能自行删除与其他对象存在关系的对象

     A. ①   B. ②   C. ①②都是   D. ①②都不是

40. 在学生表中要使"年龄"字段的取值范围在 14～60 之间,则在"有效性规则"属性框中输入的表达式是_____。

     A. >=14 and <=60   B. >=14 or <=60

     C. >=60 and <=14   D. >=14 & <60

二、填空题(每小题 1.5 分,共 30 分)

1. 字段有效性规则是在给字段输入数据时所设置的_____。

2. 字段名的最大长度为_____。

3. 向货币数据类型字段输入数据时,货币符号、千分位会_____输入。

4. 数据库与用户进行交互的最好界面是_____。

5. 在数据库的各种表中,提供了最佳打印方式的表是_____。

6. 数据访问页是一种特殊类型的_____。

7. _____是一系列操作的集合。

8. 表结构的设计和维护是在_____视图中完成的。

9. 表中数据的操作和维护是在_____视图中完成的。

10. 能够唯一标识表中每条记录的字称为_____。

11. 当文本字段取值超过 255 个字符时,应改用的数据类型是_____。

12. 字段中只允许输入字母(必选项),输入的掩码属性应该设置为_____。

13. 字段中可以输入字母,输入的掩码属性应该设置为_____。

14. 字段中只允许输入字母或数字(必选项),输入的掩码属性应该设置为_____。

15. 字段中可以输入字母或数字,输入的掩码属性应该设置为_____。

16. 字段中可以输入数字或空格,输入的掩码属性应该设置为_____。

17. 字段中可以输入任一字符或空格,输入的掩码属性应该设置为_____。

18. 字段中只允许输入数字(必选项),输入的掩码属性应该设置为_____。

19. 字段中只允许输入任一字符或空格,输入的掩码属性应该设置为_____。

20. 桂林市出租车号为"桂 C-TXXXX",其中 XXXX 为数字,输入的掩码属性应该设置为 _____。

三、判断题(正确的打"√",错误的打"×",每小题 1 分,共 10 分)

1. Access 数据库包括 6 个数据对象。 （　　）
2. 输入掩码的作用是希望输入的格式标准保持一致。 （　　）
3. 必须输入任一字符或空格的输入掩码是"&"。 （　　）
4. 在"备注"字段中搜索文本的速度比在文本字段中搜索文本的速度快。 （　　）
5. 在 Access 中,可以对数据类型为文本、数字和"备注"的字段进行排序。 （　　）
6. 数据库中的每个表都必须有一个主关键。 （　　）
7. 主关键字段不能有重复值和空值。 （　　）
8. 删除记录后,Access 不会对自动编号字段进行重新编号。 （　　）
9. 整型数据类型字段的长度是 2 字节。 （　　）
10. 空值就是空字符串。 （　　）

四、简答题(每小题 4 分,共 20 分)

1. 在 Access 2003 中,有哪几种创建表的方法?
2. 数据表有哪些视图? 它们的作用分别是什么?
3. 主键有什么特点?
4. 在 Access 中,用户可以定义哪三种类型的主键?

第4章　Access 数据库查询的创建与使用测试题

一、选择题(每小题2分,共40分)

1. Access 支持的查询类型有_____。
   A. 选择查询,交叉表查询,参数查询,SQL 查询和操作查询
   B. 基本查询,选择查询,参数查询,SQL 查询和操作查询
   C. 多表查询,单表查询,交叉表查询,参数查询和操作查询
   D. 选择查询,统计查询,参数查询,SQL 查询和操作查询

2. 操作查询不包括_____。
   A. 更新查询　　　　B. 追加查询　　　　C. 参数查询　　　　D. 删除查询

3. 以下关于查询的叙述中,正确的是_____。
   A. 只能根据数据表创建查询　　　　　　B. 只能根据已建查询创建查询
   C. 可以根据数据表和已建查询创建查询　　D. 不能根据已建查询创建查询

4. 如要统一上调某类产品的价格,则最方便的方法是使用_____。
   A. 追加查询　　　　B. 更新查询　　　　C. 删除查询　　　　D. 生成表查询

5. 以下关于 Access 查询的叙述中,错误的是_____。
   A. 查询的数据源来自于表或已有的查询
   B. 查询的结果可以作为其他数据库对象的数据源
   C. Access 的查询可以分析数据、追加、更改、删除数据
   D. 查询不能生成新的数据表

6. 在"查询参数"窗口定义查询参数时,除定义查询参数的类型外,还要定义查询参数的_____。
   A. 参数名称　　　　B. 参数值　　　　C. 什么也不定义　　　　D. 参数值域

7. 若在查询"设计视图"中不想显示选定字段内容,则应将该字段的_____选项取消。
   A. 排序　　　　B. 显示　　　　C. 类型　　　　D. 准则

8. 在查询"设计视图"的查询设计表格中,以下不属于字段列表框的选项是_____。
   A. 排序　　　　B. 显示　　　　C. 类型　　　　D. 准则

9. 若要查询姓李的学生,则查询准则应设置为_____。
   A. Like '李'　　　　B. Like '李 *'　　　　C. ='李'　　　　D. >='李'

10. 下列表达式中,合法的是_____。
    A. 教师工资 between 2000 and 3000　　　　B. [性别]='男'or[性别]='女'
    C. [教师工资]>2000[教师工资]<3000　　　　D. [性别]like'男'=[性别]='女'

11. 若要查询成绩为 60~80 分之间(包括 60 分,不包括 80 分)的学生信息,则成绩字段的查询准则应设置为_____。
    A. >60 or <80　　　　　　　　　　B. >=60 And <80
    C. >60 and <80　　　　　　　　　　D. IN(60,80)

12. 条件"Not 工资额>2000"的含义是_____。
    A. 选择工资额大于 2000 的记录

B. 选择除了字段工资额之外的字段,且大于 2000 的记录

C. 选择除了工资额大于 2000 之外的记录

D. 选择工资额小于 2000 的记录

13. 在 Access 数据库中,带条件的查询是需要通过准则来实现的。准则是运算符、常量、字段值等的任意组合,下面不属于准则中元素的是_____。

  A. SQL 语句   B. 函数   C. 属性   D. 字段名

14. 已知一个 Access 数据库,其中含有"系别"、"男"、"女"等字段,若要统计每个系中男女教师的人数,则应使用的查询是_____。

  A. 选择查询 B. 操作查询 C. 参数查询 D. 交叉表查询

15. 若要将 Access 某数据库中"C++程序设计语言"课程不及格的学生从"学生"表中删除,则应使用的查询是_____。

  A. 追加查询 B. 生成表查询 C. 更新查询 D. 删除查询

16. 已知"借阅"表中有"借阅编号"、"学号"和"借阅图书编号"等字段,每个学生每借阅一本书生成一条记录,并要求按学生学号统计出每个学生的借阅次数。下列 SQL 命令语句中,正确的是_____。

  A. SELECT 学号,COUNT(学号) FROM 借阅

  B. SELECT 学号,COUNT（学号）FROM 借阅 GROUP BY 学号

  C. SELECT 学号,SUM(学号) FROM 借阅

  D. SELECT 学号,SUM(学号) FROM 借阅 ORDER BY 学号

17. SQL 查询能够创建_____。

  A. 更新查询 B. 追加查询 C. 选择查询 D. 以上各类查询

18. 若要取得"学生信息"表中的所有记录及字段,其 SQL 命令语句应是_____。

  A. SELECT 姓名 FROM 学生   B. SELECT * FROM 学生

  C. SELECT * FROM 学生 WHERE 学号=12 D. 以上皆非

19. Access 数据库中,SQL 查询中的 GROUP BY 语句用于_____。

  A. 分组条件 B. 对查询进行排序 C. 列表 D. 选择行条件

20. 以下用 SQL 命令语句描述"在教师表中查找男教师的全部信息"叙述中,正确的是_____。

  A. SELECT FROM 教师表 IF（性别='男'）

  B. SELECT 性别 FROM 教师表 IF（性别='男'）

  C. SELECT * FROM 教师表 WHERE(性别='男')

  D. SELECT * FROM 性别 WHERE（性别='男'）

二、填空题(每小题 1.5 分,共 30 分)

1. Access 中,查询分为选择查询、_____、参数查询、操作查询和 SQL 查询。

2. 操作查询共有 4 种类型,分别是删除查询、_____、追加查询和生成查询。

3. _____查询是显示来源于表中某个字段的汇总值(如求和、平均值、记数等),并将它们分组,其中一组列在数据表的左侧,另一组列在数据表的上部。

4. _____是一种利用对话框提示用户输入参数的查询过程,数据库系统根据用户输入的参数检索符合条件的记录信息,并根据指定的形式将结果显示出来。

5. 窗体中的数据来源主要包括表和_____。

6. 创建分组统计查询时,总计项应选择_____。

7. 每个查询都有三种视图,分别为设计视图、数据表视图和_____。

8. SQL 查询是用户使用_____直接创建的一种查询。

9. 在查询中,默认的字段显示顺序是_____。

10. 在查询中,可以凭据一定的条件限制从表或者查询中提取满足条件的结果,这个条件就是查询的_____。

11. 在创建交叉表时,必须对行标题和_____进行分组操作。

12. 从多个相互关联的表中删除记录的查询称为_____。

13. 要查询一个表中的所有数据,可以用_____字符来表示任意字符。

14. 如果将表 A 的记录添加到表 B 中,并且要求保持表 B 中原有的记录,那么可以使用的查询是_____。

15. 已知一个 Access 的表中有字段"专业",若要查找包含"信息"两个字的记录,则正确的条件表达式是_____。

16. 如果在查询的条件中要通配方括号内列出的任一单个字符,则应使用通配符_____。

17. 图 B-1 显示的是查询设计视图中的设计表格部分,从图的内容中,可以判断出要创建的查询的功能是_____。

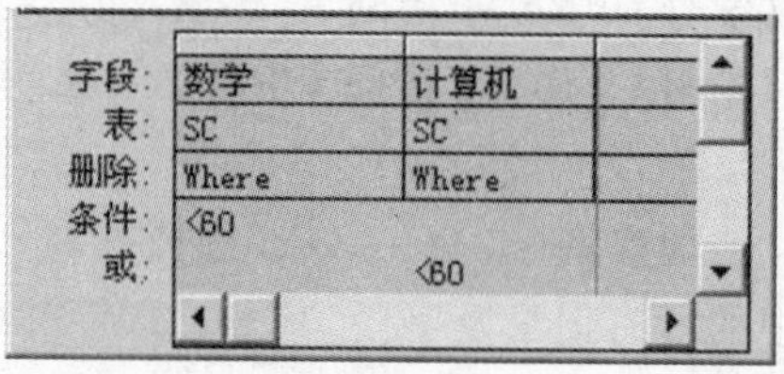

图 B-1　查询设计视图的设计表格

18. 在 Access 中,SQL 查询中的_____语句可以用来向数据表中追加新的数据记录。

19. 用 SQL 语句实现查询表名为"图书表"中的所有记录,应该使用的 SELECT 语句是_____。

20. SQL 的 SELECT 命令语句中,用于实现选择运算的子句是_____。

三、判断题(正确的打"√",错误的打"×",每题 1 分,共 10 分)

1. 通过查询可以修改表的记录内容。　　　　　　　　　　　　　　　　　（　　）

2. 查询结果可以作为数据库其他对象数据的来源。　　　　　　　　　　　（　　）

3. 查询是对数据表中的数据进行查找,同时产生一个类似于表的结果。　　（　　）

4. 操作查询是 Access 查询的一种类型,操作查询又可以分为选择查询、更新查询、删除查询和追加查询。　　　　　　　　　　　　　　　　　　　　　　　　　（　　）

5. 查询和筛选都是查找满足条件的记录,它们之间没有区别。　　　　　　（　　）

6. 创建查询的首要条件是要有数据源。　　　　　　　　　　　　　　　　（　　）

7. 在 SQL 查询中"GROUP BY"的含义是对查询进行分组。　　　　　　　（　　）

8. Sum 函数用于计算字段的和,Avg 函数用于计算字段平均值。　　　　　（　　）

9. 通配符"#"的含义是通配任意单个字符。　　　　　　　　　　　　　　（　　）

10. 特殊运算符"Is Null"用于指定一个字段为空值。 ( )

四、简答题（每小题 4 分，共 20 分）

1. 查询的作用及其功能是什么？
2. 查询有几种类型？SELECT 查询命令的作用是什么？
3. 什么是表达式？表达式在 Access 中有什么作用？
4. 什么是查询准则？
5. 请写一个 SQL 语句，查询"学生成绩表"中"语文"成绩大于 85 分的学号。

第5章 Access 数据库的窗体测试题

一、单项选择题 (每小题 1 分,共 40 分)

1. 下列关于窗体的说法中,错误的是_____。
   A. 窗体的数据源可以是表或查询
   B. 窗体不能用作自定义对话框来支持用户的输入及根据输入执行操作
   C. 可以将窗体作为切换面板来打开数据库中的其他窗体和报表
   D. 窗体具有交互性

2. 用于创建窗体或修改窗体的视图是_____。
   A. 数据表视图　　　　 B. 窗体视图　　　　 C. 设计视图　　　　 D. 数据库视图

3. 用于显示多个表和查询数据的窗体是_____。
   A. 图表窗体　　　　 B. 主/子窗体　　　　 C. 数据透视表窗体　　 D. 纵栏式窗体

4. 下列不属于 Access 窗体视图的是_____。
   A. 设计视图　　　　 B. 数据视图　　　　 C. 窗体视图　　　　 D. 数据表视图

5. 下列关于窗体视图的说法中,正确的是_____。
   A. 窗体视图和查询视图一样,均有 3 种视图
   B. 窗体视图用于创建窗体或修改窗体的窗口
   C. 设计视图用于添加或修改表中的数据
   D. 数据表视图主要用于编辑、添加、修改、查询或删除数据

6. 创建一个基于表的窗体,其数据源不能是_____。
   A. 一个表或查询　　 B. 多个表　　　　 C. 多个查询　　　　 D. 报表

7. 从外观上看,数据表和查询显示器界面相同的是_____窗体。
   A. 纵栏式　　　　 B. 表格式　　　　 C. 数据表　　　　 D. 数据透视表

8. 下列关于纵栏式窗体的叙述中,正确的是_____。
   A. 显示记录按列分隔,每列左边显示字段名,右边显示字段内容
   B. 在纵栏式窗体中,不能随意地安排字段
   C. 只能设置直线、方框和颜色
   D. 以上说法均不正确

9. 使用窗体设计器,不能创建_____。
   A. 数据维护窗体　　　　　　　　　　 B. 开关面板窗体
   C. 报表　　　　　　　　　　　　　　 D. 自定义对话窗体

10. 窗体不能显示对表和查询中的数据进行_____操作。
    A. 显示　　　　　 B. 输入　　　　　 C. 编辑　　　　　 D. 传递

11. 使用_____创建的窗体只适用于简单的单列窗体。
    A. 自动创建窗体　 B. 窗体向导　　　 C. 图表向导　　　 D. 数据透视表向导

12. 下列窗体中不可以自动创建的是_____。
    A. 纵栏式窗体　　 B. 表格式窗体　　 C. 图表窗体　　　 D. 数据表窗体

13. 数据透视表窗体是以表或查询为数据源产生一个_____的分析表而建立的一种窗体。

A. Excel　　　　　B. Word　　　　　C. Access　　　　　D. dBase

14. 位于窗体顶部位置的是_____。

A. 页眉　　　　　B. 页中　　　　　C. 页面　　　　　D. 页脚

15. 计算控件的控件来源属性一般设置为以_____开头的计算表达式。

A. 字母　　　　　B. 等号(＝)　　　　C. 括号　　　　　D. 双引号

16. 用来输入或编辑字段数据的交互式控件是_____。

A. 标签控件　　　B. 文本框控件　　　C. 复选框控件　　　D. 列表框控件

17. 没有数据来源的控件类型为_____。

A. 结合型　　　　B. 非结合型　　　　C. 计算型　　　　D. 选项 A 和 C

18. 假设已在 Access 数据库中建立了包含"书名"、"单价"和"数量"三个字段的数据表,在以该表为数据源创建的"图书订单"窗体中,若有一个计算订购总金额的文本框,则其控件来源为_____。

A. [单价] ＊ [数量]

B. ＝[单价] ＊ [数量]

C. [图书订单]![单价] ＊ [图书订单]![数量]

D. ＝[图书订单]![单价] ＊ [图书订单]![数量]

19. 用于显示线条、图像的控件类型的是_____。

A. 结合型　　　　B. 非结合型　　　　C. 计算型　　　　D. 图像控件

20. 用表达式作为数据源的控件类型是_____。

A. 结合型　　　　B. 非结合型　　　　C. 计算型　　　　D. 以上都是

21. 下列选项中,不属于图像控件缩放模式属性的是_____。

A. 拉伸　　　　　B. 缩放　　　　　C. 平铺　　　　　D. 剪裁

22. 下列选项中,不能作为单独的控件来显示表或查询中的"是"或"否"值的是_____。

A. 复选框　　　　B. 列表框　　　　C. 切换按钮　　　　D. 选项按钮

23. 用户只需要单击_____上的标签,就可以进行页面的切换。

A. 列表框　　　　B. 文本框　　　　C. 标签控件　　　　D. 选项卡

24. 下列按钮中,可以用于打开属性表的是_____。

A. ［图标］　　　B. ［图标］　　　C. ［图标］　　　D. ［图标］

25. 下面关于列表框和组合框的叙述中,错误的是_____。

A. 列表框和组合框可以包含一列或几列的数据

B. 可以在列表框中输入新值,而组合框不能

C. 可以在组合框中输入新值,而列表框不能

D. 组合框实际是列表框和文本框的组合

26. "特殊效果"属性值用于设定控件的显示效果,下列不属于"特殊效果"属性值的是_____。

A. 平面　　　　　B. 凸起　　　　　C. 蚀刻　　　　　D. 透明

27. 为窗体上的控件设置 Tab 键的顺序,应选择属性表中的_____。

A. 格式选项卡　　B. 数据选项卡　　　C. 事件选项卡　　　D. 其他选项卡

28. 用户在窗体中必须使用_____来显示 OLE 对象。

A. 对象框　　　　B. 结合对象框　　　C. 图像框　　　　D. 组合框

29. 下列选项中,不属于窗体常用格式属性的是_____。
    A. 标题 　　　　　　B. 滚动条 　　　　　　C. 分隔线 　　　　　　D. 记录源

30. 以下关于属性的说法中,错误的是_____。
    A. 属性用于决定表、查询、字段、窗体及报表的特性
    B. 属性决定了控件及窗体的结构和外观
    C. 控件属性和窗体属性是等价的
    D. 使用属性窗口可以设置属性

31. 在 Access 数据库的窗体中,通常用_____来显示记录数据,并可以在屏幕或页面上显示
    一条记录,也可以显示多条记录。
    A. 页面 　　　　　　B. 窗体页眉 　　　　　　C. 主体节 　　　　　　D. 页面页眉

32. 属性值是一串数字的是_____属性。
    A. 滚动条 　　　　　　B. 记录选定器 　　　　　　C. 背景色 　　　　　　D. 分隔线

33. 下列选项中,属于控件数据属性的是_____。
    A. 控件来源 　　　　　　B. 数据输入 　　　　　　C. 记录源 　　　　　　D. 允许编辑

34. 以下有关标签控件的说法中,错误的是_____。
    A. 标签主要用来在窗体或报表上显示说明性文本
    B. 标签不显示字段或表达式的值,它没有数据来源
    C. 当从一条记录移到另一条记录时,标签的值不会改变
    D. 独立创建的标签在"数据表"视图中显示

35. 在 Access 数据库中,如果在窗体上输入的数据总是取自某一个表和查询中记录的数据,
    或者取自某固定内容的数据,则可以使用_____来完成。
    A. 选项组控件 　　　　　　　　　　　　B. 列表框或组合框控件
    C. 文本框控件 　　　　　　　　　　　　D. 复选框、切换按钮、选项按钮控件

36. 用于设定在控件中输入数据的合法性检查表达式的是_____属性。
    A. 默认值 　　　　　　B. 有效性规则 　　　　　　C. 是否锁定 　　　　　　D. 是否有效

37. 窗体在"数据表视图"下将不显示_____。
    A. 窗体页眉/页脚 　　B. 文本框内容 　　C. 列表框内容 　　　　D. 标签内容

38. 下列选项中,不属于窗体命令按钮控件格式属性的是_____。
    A. 标题 　　　　　　B. 可见性 　　　　　　C. 前景色 　　　　　　D. 背景色

39. 下列关于主窗体和子窗体的说法中,正确的是_____。
    A. 主窗体和子窗体中显示的表或查询的数据是多对多关系
    B. 主窗体和子窗体只能显示为纵栏式的窗体
    C. 在子窗体中不能创建二级子窗体
    D. 以上说法均不正确

40. 如果要将选项组控件结合到数据表中的某个字段,则是指将_____绑定到此字段。
    A. 组框架内的复选框 　　　　　　　　　B. 组框架内选项按钮
    C. 组框架内切换按钮 　　　　　　　　　D. 组框架本身

二、填空题(每空 1.5 分,共 30 分)

1. 数据表视图以列和行的形式显示数据,而窗体按_____格式显示数据。

2. 窗体是数据库进行数据维护的_____。

3. 窗体有 5 种视图,即设计视图、_____、数据表视图、数据透视表视图和数据透视图视图。

4. 窗体由多个部分组成,每个部分称为一个_____。

5. 要改变标签上显示的内容,需设置标签的_____属性。

6. 窗体的页脚位于窗体的最下方,由窗体控件组成,一般用于设置对窗体的_____。

7. 如果当前窗体中含有页眉,则可将当前日期和时间插入到窗体页眉中,否则插入到主体节中;如果要删除日期和时间,则可以选中它,然后再按_____键。

8. 窗体通常由窗体页眉、窗体页脚、页面页眉、页面页脚及_____5 部分组成。

9. 页面页眉与页面页脚只出现在_____的窗体上。

10. 窗体中的信息主要有两类:一类是设计的提示信息,另一类是_____中的记录。

11. 组合框和列表框的主要区别在于:是否可以在框中_____。

12. 在窗体中可以使用_____按钮来执行某项操作或某些操作。

13. 当窗体中的内容较多无法在一页中全部显示时,可以使用_____来进行分页。

14. 在设置计算型文本框控件的控件来源时,必须在表达式前加_____。

15. 纵栏式窗体将窗体中的一个显示记录按列分隔,每列的左边显示_____,右边显示字段内容。

16. 计算型控件用_____作为数据源。

17. 用于设定控件的输入格式,并且仅对文本框或日期型数据有效的属性是_____属性。

18. 用于设定在控件中输入数据的合法性检查表达方式的属性是_____属性。

19. 所有控件都具有的属性是_____属性。

20. 在显示具有_____关系的表或查询中的数据时,子窗体特别有效。

三、判断题(正确的打"√",错误的打"×",每小题 1 分,共 10 分)

1. 窗体中的每个控件均被看作是独立的对象,用户可以使用鼠标单击控件来选择它,被选中的控件的四周将出现小方块状的控点。 ( )

2. 窗体中主体节是必不可少的,其他节可根据需要作选择。 ( )

3. 一个窗体的好坏,不仅取决于窗体自身的属性,还取决于窗体的布局。 ( )

4. 窗体的属性决定了该窗体的结构外观以及数据来源,其属性主要有格式、数据、事件等选项。 ( )

5. 窗体能显示表和查询中的数据,但不能进行输入和编辑操作。 ( )

6. 主要针对控件的外观或窗体的显示格式而设置的属性是"数据"属性。 ( )

7. 在"筛选目标"文本框中直接输入数据可进行筛选,这种方法适用于在当前字段中输入搜索值或将结果作为准则的表达式的情况。 ( )

8. 如果要细微调整线条的长度或角度,则选中该线条,同时按下 Ctrl 键和方向键。 ( )

9. 如果要从子窗体的最后一个字段移动到主窗体下一个记录的第 1 个字段,则可以按"Ctrl+Tab"键。 ( )

10. 切换面板窗体可以将一组窗体组织在一起形成一个统一的与用户交互的界面,而不需要一次又一次地单独打开和切换相关的窗体。 ( )

四、简答题（每小题 4 分，共 20 分）

1. 窗体有哪几种视图？它们的主要区别是什么？

2. 阐述一下窗体的组成，以及各个部分的功能。

3. 什么是主-子窗体？起什么作用？

4. 工具箱中有哪些常用的控件对象？有何作用？

5. 什么是切换面板窗体？

第6章 Access 数据库的报表测试题

一、单项选择题（每小题1分，共30分）

1. 以下叙述中，正确的是_____。
   A. 报表只能输入数据
   B. 报表只能输出数据
   C. 报表可以输入和输出数据
   D. 报表不能输入和输出数据

2. "打印预览"视图用于_____。
   A. 创建和编辑报表的结构
   B. 查看报表的页面数据输出形态
   C. 查看报表的版面设置
   D. A,B,C 都可以

3. _____类型的报表适合显示字段较多、记录较少的情况。
   A. 纵栏式
   B. 标签式
   C. 表格式
   D. 图表式

4. 创建报表时，使用自动创建方式可以创建_____。
   A. 纵栏式报表和标签式报表
   B. 标签式报表和图表式报表
   C. 纵栏式报表和表格式报表
   D. 表格式报表和图表式报表

5. 下列选项中，不属于报表视图方式的是_____。
   A. 设计视图
   B. 打印预览
   C. 版面预览
   D. 数据表视图

6. 下列选项中，不属于报表功能的是_____。
   A. 分组组织数据，进行汇总
   B. 格式化数据
   C. 建立查询
   D. 包含子报表及图表数据

7. 每个报表最多能包含_____种节。
   A. 3
   B. 5
   C. 7
   D. 9

8. 报表的数据来源不包括_____。
   A. 表
   B. 查询
   C. SQL 语句
   D. 窗体

9. _____应使用"设计视图"创建报表。
   A. 通过提问引导创建报表时
   B. 想要快速生成用来显示表或查询的所有字段的报表时
   C. 想要完全控制报表的每一部分时
   D. A,B,C 都可以

10. 用户可以在_____中对已生成的图表报表进一步修改和完善。
    A. 设计视图
    B. 图表视图
    C. 表格视图
    D. 标签视图

11. 在已有报表中创建子报表，需单击工具箱中的_____按钮。
    A. 子报表
    B. 子窗体
    C. 控件向导
    D. 子窗体/子报表

12. 在报表中，要打印表中的记录信息，应当在_____节中处理。
    A. 组页脚
    B. 报表页眉
    C. 主体
    D. 记录

13. 计算控件的控制源必须是一个以_____开头的计算表达式。
    A. >
    B. <
    C. !
    D. =

14. 纵栏式报表的字段标题信息安排在_____节中显示。
    A. 页面页眉
    B. 报表页眉
    C. 主体
    D. 分组页眉

15. 报表记录的分组,是指报表设计时,按选定的＿＿＿＿＿＿值是否相等而将记录进行分组的过程。

    A. 字段　　　　　　　　B. 记录　　　　　　　　C. 属性　　　　　　　　D. 域

16. 报表是以＿＿＿＿＿＿格式表现数据库中数据的一种方式。

    A. 文档　　　　　　　　B. 显示　　　　　　　　C. 打印　　　　　　　　D. 视图

17. 标签控件通常通过＿＿＿＿＿＿向报表中添加。

    A. 工具箱　　　　　　　B. 工具栏　　　　　　　C. 属性表　　　　　　　D. 字段列表

18. 要使打印的报表每页显示 3 列,则应在＿＿＿＿＿＿中设置。

    A. 工具箱　　　　　　　B. 属性表　　　　　　　C. 页面设置　　　　　　D. 排序与分组

19. 如果他人改变了报表所使用的表数据或查询数据,那么下次打开该报表时将出现＿＿＿＿＿＿情况。

    A. 一条说明数据已更改的消息　　　　　　B. 什么也不会发生

    C. 显示更新的数据　　　　　　　　　　　D. A,B,C 都可能发生

20. 假设要在报表中包含一个销售额数字的列表,并在同一节中后跟一个新页面以显示销售人员列表,则使页面分开的方法是＿＿＿＿＿＿。

    A. 创建两个单独的报表,最后将它们组装在一起

    B. 在这两个列表之间插入节标题

    C. 在这两个列表之间插入分页符

    D. 在这两个列表后插入分页符

21. 为了使打印时报表的标题仅在第 1 页的开始位置出现,应该将报表的标题放到＿＿＿＿＿＿节中。

    A. 报表页眉　　　　　　B. 报表页脚　　　　　　C. 页面页眉　　　　　　D. 组页眉

22. 下列叙述中,不正确的是＿＿＿＿＿＿。

    A. 报表的输出可以在屏幕上查看或输出到打印机上

    B. 报表用于提供自定义的数据视图

    C. 报表提供了控制摘要信息的能力

    D. Access 2003 不可以打印报表中的图片和备注字段

23. 下面关于报表功能的叙述中,错误的是＿＿＿＿＿＿。

    A. 可以呈现格式化数据　　　　　　　　　B. 可以进行计数、统计

    C. 可以修改数据表中的信息　　　　　　　D. 可以通过嵌入图像等来修饰报表

24. 编辑报表主要包括＿＿＿＿＿＿。

    A. 设置报表格式,编辑图表报表、页码及时间日期

    B. 设置报表格式,添加背景图片、页码及时间日期

    C. 编辑图表报表,添加背景图片、页码及时间日期

    D. 设置报表类型,添加背景图片、页码及时间日期

25. 在 Access 报表中,＿＿＿＿＿＿会以短虚线标志在报表的左边界上出现。

    A. 分节符　　　　　　　B. 分页符　　　　　　　C. 汇总值　　　　　　　D. 页码

26. 在报表设计中,用来绑定控件显示字段数据的最常用的计算控件是＿＿＿＿＿＿。

    A. 标签　　　　　　　　B. 文本框　　　　　　　C. 列表框　　　　　　　D. 选项按钮

27. 下列选项中,不属于创建多列报表一般过程的是＿＿＿＿＿＿。

A. 确定数据如何显示

B. 创建有主体节和分组节控件的报表

C. 在"页面"对话框中设置合适的选项

D. 根据创建报表向导来操作

28. 在向报表添加线条的过程中,如果需要微调线条的位置,则可以选择线条,然后再_____。

A. 同时按下 Shift 键和方向键   B. 同时按下 Ctrl 健或方向键

C. 直接按方向键   D. 直接使用鼠标拖动线条

29. 下面的图 B-2 所示的是_____报表。

A. 纵栏式   B. 表格式   C. 标签式   D. 图表式

课程

课程编号	课程名称	学时	学分	课程性质	备注
cc01	C语言程序设计	48	3	选修课	
cc02	Access 数据库应用基	32	2	选修课	
cc03	多媒体计算机技术	32	2	选修课	
cs01	计算机原理	48	3	必修课	
cs02	编译原理	48	3	指定选修课	

图 B-2 课程报表

30. 以下说法中,不正确的是_____。

A. 双击标尺相交处的"报表选择器",将显示报表的属性对话框

B. 单击"视图|报表页眉/页脚",可以在报表中插入报表页眉/页脚节

C. "自动套用格式"可以快速的改变报表的外观,但是不能再对报表进行格式调整

D. 只有对数据进行分组,才能添加组页眉节和组页脚节

二、填空题(每空 1 分,共 22 分)

1. 报表页脚的内容只在报表的_____打印输出。

2. 包含在另一个报表内部的报表叫做_____,而包含此报表的报表叫做_____。

3. 报表由多个部分组成,每个部分称为一个_____。

4. 报表的节、控件的大小,以及外观、背景色、边框和文本的样式都是可以自定义格式。其方法是,通过设置控件、节或整个报表的_____来自定义这些项目的外观。

5. 目前比较流行的报表有 4 种,它们是纵栏式报表、表格式报表、图表报表和_____。

6. 在 Access 数据库中,"自动创建报表"向导分为纵栏式和_____两种。

7. Access 数据库报表对象的数据源可以设置为_____。

8. 报表不能对数据源中的数据进行_____。

9. 页面页眉节的内容在报表的_____打印输出。页面页脚节的内容在报表的_____打印输出。

10. 计算控件的控件来源属性一般设置为以_____开头的计算表达式。

11. 要设计出带表格线的报表,需要向报表中添加_____控件以完成表格线的显示。

12. 要对 Access 数据库的报表进行排序和分组统计的操作,应通过设置_____属性来实现。

13. 报表主要用于对数据库中的数据进行_____、计算、汇总和打印输出。

14. 每份报表只有_____报表页眉。

15. 报表标题一般放在_____中。

16. 设置报表的页面时,主要是设置_____的大小,以及页眉页脚的样式。

17. 一个主报表最多只能包含_____子窗体或子报表。

18. 如果设置报表上某个文本框的控件来源属性为"$=3*2-2$",则在报表浏览视图中,该文本框显示的信息为_____。

19. 在缺省情况下,报表中的记录是按照_____排列显示的。

20. 用于查看报表页面数据输出形态的视图是_____视图。

三、判断题(正确的打"√",错误的打"×",每小题 1 分,共 20 分)

1. 报表主要是用来输入数据的。　　　　　　　　　　　　　　　　　　(　)

2. 报表与它基于的表或者查询不相互作用。　　　　　　　　　　　　(　)

3. 报表可以执行简单的数据浏览和打印功能,但不能对原始数据进行比较、汇总和小计。　　　　　　　　　　　　　　　　　　　　　　　　　　　　(　)

4. 在报表中可以嵌入图片。　　　　　　　　　　　　　　　　　　　(　)

5. 一个报表中可以仅包含一个"报表页眉"节。　　　　　　　　　　(　)

6. 报表能够改变数据库中的基本数据。　　　　　　　　　　　　　　(　)

7. 报表和窗体没有任何区别,报表可以完成窗体的所有工作。　　　　(　)

8. 报表中不仅可以包含子报表还可以包含子窗体。　　　　　　　　　(　)

9. 在 Access 数据库中,创建报表的方法基本上有 3 种:自动创建报表,使用向导和使用设计视图创建报表。　　　　　　　　　　　　　　　　　　　　　(　)

10. 在多列报表中,报表页眉、报表页脚,以及页面页眉、页面页脚等,将占满报表的整个宽度。　　　　　　　　　　　　　　　　　　　　　　　　　(　)

四、简答题(每小题 7 分,共 28 分)

1. 什么是报表? 报表有什么作用?

2. 简述报表由哪些部分组成,各部分的作用是什么?

3. 简述报表的类型有几类?

4. 创建报表的方法有几种? 各有什么优点?

第7章 Access 的数据访问页测试题

一、单项选择题（每小题 2 分，共 40 分）

1. 要想进一步了解数据访问页的捷径，应阅读 Access 2003 的_____。
   A. 帮助　　　　　B. 项目　　　　　C. 文件　　　　　D. 程序

2. 数据访问页是 Access 2003 数据库的_____。
   A. 对象　　　　　B. 报表　　　　　C. 文件　　　　　D. 窗体

3. 数据访问页是 Access 2003 项目的_____。
   A. 窗体　　　　　B. 报表　　　　　C. 文件　　　　　D. 对象

4. 在 Access 数据库或 Access 项目之外，可以使用_____通过 Internet 或 Intranet 输入、编辑活动数据并与其交互。
   A. 文件　　　　　B. 数据访问页　　C. 窗体　　　　　D. 报表

5. 在 Access 数据库或 Access 项目中，不能使用_____输入、编辑和交互处理数据。
   A. 报表　　　　　B. 数据访问页　　C. 窗体　　　　　D. 视图

6. 数据访问页是 Access 创建的_____。
   A. 文档　　　　　B. 网页　　　　　C. 表格　　　　　D. 文本

7. 数据访问页包含_____。
   A. 与 Internet 的链接　　　　　　　B. 与网页的链接
   C. 与表格的链接　　　　　　　　　 D. 与数据库的链接

8. 在_____视图中，可以进行新建数据库对象和修改现有数据库对象的设计。
   A. 工具箱　　　　B. 设计　　　　　C. 字段　　　　　D. 页

9. "页面属性"的 ConnectionFile（链接文件）和 ConnectionString（链接字符串）属性，用于设置_____。
   A. 页数据源　　　B. 文件　　　　　C. 字段　　　　　D. 页视图

10. 对于字段，不能通过_____的方法来设置其分组级别。
    A. 在设计视图中降级　　　　　　　B. 在设计视图中升级
    C. 在字段列表视图中指定　　　　　D. 在页向导中指定

11. 在数据访问页的设计视图中，_____列出了所有记录源及其在基础数据库中的字段。
    A. 工具箱　　　　B. 字段　　　　　C. 属性　　　　　D. 字段列表

12. _____是存储网页并响应浏览器请求的计算机，也称为 HTTP 服务器。它存储的文件的 URL，均以"http://"开头。
    A. 邮箱　　　　　B. Web 服务器　　C. 客户机　　　　D. 数据库服务器

13. 客户端层是分布式系统的_____，通常向用户显示数据并处理用户的输入，有时也引用为"前端"。
    A. 核心　　　　　B. 逻辑层　　　　C. 物理层　　　　D. 服务器

14. 要通过电子邮件发送和接收数据访问页，不能使用_____软件。
    A. Microsoft Outlook　　　　　　　B. Outlook Express
    C. 电子表格　　　　　　　　　　　 D. Microsoft Exchange

15. 下列操作中,将影响找到现有网页文件的是_____。

　　A. 在"数据库"窗口中,单击"对象"下的"页"

　　B. 单击"数据库"窗口工具栏上的"设计"

　　C. 在"新建数据访问页"对话框中,单击"现有的网页",单击"确定"

　　D. 在"定位网页"对话框中,选定要打开的网页或 HTML 文件,单击"打开"

16. 在数据库窗口中,单击"对象"下的"页",再双击_____,就可以直接显示"定位网页"的对话框。

　　A. "设计"　　　　　　　　　　　　B. "编辑现有的网页"

　　C. "新建"　　　　　　　　　　　　D. "打开"

17. 可以将现有的网页文件转换为数据访问页,并且在_____中可以对页进行修改。

　　A. 设计视图　　　B. Web 服务器　　　C. 浏览器　　　D. 数据库服务器

18. 可以向数据访问页中添加 Microsoft Office 电子表格_____,以提供 Microsoft Excel 工作表所具有的某些功能。

　　A. 视图　　　　　B. 程序　　　　　C. 组件　　　　　D. 工作表

19. 下列操作中,不能向数据访问页中添加 Microsoft Office 电子表格的是_____。

　　A. 输入值　　　　B. 添加公式　　　C. 应用筛选　　　D. 许多其他操作

20. 若要在电子表格中使用数据访问页上其他控件中的数据,则要在相应的电子表格单元格中引用这些_____。

　　A. 控件　　　　　B. 地址　　　　　C. 单元　　　　　D. 数据

二、填空题(每空2分,共20分)

1. 在数据访问页中,可以查看、添加、编辑以及操作数据库表中存储的数据。这种页也可以_____来自于其他数据源(如 Excel)中的数据。

2. 设计视图是显示数据库对象(包括表、查询、窗体、宏和数据访问页)的_____窗口。

3. "页"视图是_____的 Access 窗口。在 Internet Explorer 6.0 或更高版本中,页具有相同的功能。

4. 在数据访问页中,若要添加_____,则可单击标有"单击此处并键入标题文字"的占位符文本,然后键入所需的文本。

5. 在数据访问页中插入图形时,可以通过从别的位置复制和_____整个图形进行插入,也可以插入指向固定位置上的图形的_____。

6. 将图形链接到数据访问页将减少页的_____,这样可更容易更新图形,而且共享不同的图形也更容易。

7. 查询可以将多个表中的数据放在一起,以作为窗体、报表或_____的数据源。

8. 如果将数据访问页移动或复制到其他位置,那末同时也要_____其所有支持文件(例如图形、图形式背景纹理和项目符号等),以维持页中原有的图形链接。

9. 通过电子邮件发送数据访问页也许无法通过_____,这是由于域之间的安全设置或电子邮件附件的安全限制不同。

10. 如果字段列表未打开,可单击工具栏上的_____按钮;或者单击字段列表工具栏上的"刷新"按钮。

三、判断题(正确的打"√",错误的打"×",每小题 2 分,共 20 分)

1. 数据访问页是数据库的对象之一。　　　　　　　　　　　　　　　　（　　）
2. 因为数据访问页不是数据库的对象,所以将它保存到单独的.htm 文件中。（　　）
3. 数据访问页是网页。　　　　　　　　　　　　　　　　　　　　　（　　）
4. 窗体可以取代数据访问页。　　　　　　　　　　　　　　　　　　（　　）
5. 为了用户能够通过浏览器显示数据访问页,所以将它保存到单独的.htm 文件中。（　　）
6. 报表可以取代数据访问页。　　　　　　　　　　　　　　　　　　（　　）
7. 数据访问页的数据源只能是数据库表。　　　　　　　　　　　　　（　　）
8. 在创建数据访问页时,Access 2003 会根据所选定的数据库,自动设置"页面属性"的 Connection File(链接文件)和 Connection String(接字符串)属性。（　　）
9. 在 Connection File 属性框中,可以键入新的链接文件。　　　　　　（　　）
10. OLE 对象(如 Windows 画图图片或 Microsoft Excel 电子表格)可以链接或嵌入到字段、页、窗体或报表中。　　　　　　　　　　　　　　　　　（　　）

四、简答题(每小题 5 分,共 20 分)

1. 如何设置或更改数据访问页的链接信息?
2. 什么是 OLE 对象?
3. 如何不在数据访问页中保存密码?
4. 如何在 Windows 资源管理器中将数据访问页副本保存到 Web 服务器上?

第8章　Access中宏的使用测试题

一、选择题（每小题2分，共40分）

1. 下面对宏的描述中，错误的是_____。
   A. 宏是一种操作代码的组合　　　　　　　B. 宏具有控制转移功能
   C. 建立宏通常需要添加宏操作和设置宏参数　D. 宏操作没有返回值

2. 宏的优点是_____。
   A. 可以自动进行一些操作　　　　　　　　B. 执行特定功能
   C. 可以由用户自主定义　　　　　　　　　D. 是一组代码组合

3. 宏是指一个或多个_____的集合。
   A. 命令　　　　　　B. 操作　　　　　　C. 对象　　　　　　D. 条件表达式

4. 在Access中，使用_____宏操作可以退出Access。
   A. Exit　　　　　　B. CancelEvent　　　C. End　　　　　　D. Quit

5. 在条件宏设计时，对于连续重复的条件，可以使用_____符号替代重复条件式。
   A. …　　　　　　　B. =　　　　　　　　C. ,　　　　　　　D. ;

6. 对于Access的自动运行宏，应当命名为_____。
   A. AutoExec　　　　B. Autoexe　　　　　C. Aoto　　　　　　D. AutoExee. bat

7. 以下有关宏操作的叙述中，错误的是_____。
   A. 宏的条件表达式中不能引用窗体或报表的控件值
   B. 所有宏操作都可以转化为相应的模块代码
   C. 使用宏可以启动其他应用程序
   D. 宏操作没有返回值

8. 在宏组中，宏的调用格式是_____。
   A. 宏组名. 宏名　　B. 宏组名! 宏名　　C. 宏组名[宏名]　　D. 宏组名(宏名)

9. 下列选项中，能够创建宏的是_____。
   A. 窗体设计器　　　B. 报表设计器　　　C. 表设计器　　　　D. 宏设计器

10. 下列宏操作命令中，可用于打开窗体的宏命令是_____。
    A. OpenForm　　　B. OpenReport　　　C. OpenQuery　　　D. OpenTable

11. 下列宏操作命令中，可用于打开查询的宏命令是_____。
    A. OpenForm　　　B. OpenReport　　　C. OpenQuery　　　D. OpenTable

12. 下列宏操作命令中，可用于显示消息框的宏命令是_____。
    A. Beep　　　　　B. MsgBox　　　　　C. InputBox　　　　D. Disbox

13. 宏操作命令OpenReport的功能是_____。
    A. 打开窗体　　　　B. 打开查询　　　　C. 打开报表　　　　D. 增加菜单

14. 宏操作命令OpenTable打开数据表后，显示的该表视图是_____。
    A. 数据表视图　　　B. 设计视图　　　　C. 打印预览视图　　D. A,B,C均是

15. 可以使用前面加_____的表达式的方法来设置宏的操作参数。
    A. …　　　　　　　B. =　　　　　　　　C. ,　　　　　　　D. ;

16. 如果要建立一个宏,并希望执行该宏后首先打开一个表,然后打开一个窗体,则应在该宏中使用_____这两个操作命令。

    A. OpenTable,OpenForm
          B. OpenTable,OpenQuery

    C. OpenForm,OpenReport
          D. OpenTable,OpenReport

17. 直接运行宏有很多方法,以下叙述中,错误的是_____。

    A. 从"宏"设计窗体中运行宏,单击工具栏上的"运行"按钮

    B. 从数据库窗体中运行宏,单击"宏"对象选项,然后双击相应的宏名

    C. 从"工具"菜单上选择"宏"选项,单击"运行宏"命令,然后再选择或输入要运行的宏

    D. 使用 Docmd 对象的 Run 方法,从 VBA 代码过程中运行

18. Access 数据库系统中,提供了_____执行的宏调试工具。

    A. 单步
        B. 同步
        C. 运行
        D. 继续

19. 在宏窗口中,打开"操作"列所对应的下拉列表框后,将列出所有_____。

    A. 菜单
        B. 控件
        C. 快捷键
        D. 宏命令

20. 如果要限制宏操作的范围,则可以在宏中定义_____。

    A. 宏条件表达式
          B. 宏操作对象

    C. 宏操作目标
          D. 窗体或报表的控件属性

二、填空题(每小题 3 分,共 30 分)

1. 宏是一个或多个_____的集合。

2. 在宏的表达式中,还可能引用到窗体或报表控件上的值。引用窗体或报表控件上的值,可以使用表达式_____。

3. 由多个操作构成的宏,执行时是按_____依次执行的。

4. 定义_____有利于数据库中的宏对象的管理。

5. 在设计条件宏时,对于连续重复的条件,可以用_____符号来代替重复条件式。

6. Access 的自动运行宏,必须命令为_____。

7. _____也是 Access 的一个对象,其主要功能就是使操作自动运行。

8. 宏按名调用,宏组中的宏则按_____格式调用。

9. 在宏对象编辑窗口中打开"宏名"和"条件"列,当需要使用这两列时可以从_____菜单中选择"宏名"和"条件"命令,或单击"宏设计"工具栏上的"宏名"和"条件"按钮来显示相应的列。

10. 宏的使用一般是通过窗体、报表中的_____实现的。

三、判断题(正确的打"√",错误的打"×",每小题 1 分,共 10 分)

1. 条件宏中条件为真时,将执行该行中的宏操作。　　　　　　　　　　　　　(　　)

2. 在条件宏中,宏遇到条件内省略号时,中止操作。　　　　　　　　　　　　(　　)

3. 条件宏中条件为假时,则跳过该行操作。　　　　　　　　　　　　　　　　(　　)

4. 宏条件内的省略号相当于该行操作的条件与其前一个宏操作的条件相同。　　(　　)

5. 运行宏时,对每个宏只能连续运行。　　　　　　　　　　　　　　　　　　(　　)

6. 打开数据库时,可以自动运行名为"AutoExec"的宏。　　　　　　　　　　(　　)

7. 可以通过窗体、报表上的控件来运行宏。　　　　　　　　　　　　　　　　(　　)

8. 可以在一个宏中运行另外一个宏。　　　　　　　　　　　　　　（　　）

9. 宏中只能有一个操作。　　　　　　　　　　　　　　　　　　　（　　）

10. 只能使用单步执行方法执行宏。　　　　　　　　　　　　　　　（　　）

四、简答题（每小题 4 分，共 20 分）

1. 简述宏的定义。

2. 什么是条件操作宏？

3. 运行宏有哪些方法？

4. 简述 Access 中宏调试工具的使用方法。

5. 创建条件宏时，若条件"姓名"为空，则条件表达式是什么？

第 9 章　Access 的模块与 VBA 设计基础测试题

一、选择题（每小题 2 分，共 40 分）

1. VBA 中定义符号常量可以用关键字_____。
   A. Const　　　　　　B. Dim　　　　　　C. Public　　　　　　D. Static

2. 下列关于模块的说法中，错误的是_____。
   A. 有两种基本模块，一种是标准模块，另外一种是类模块
   B. 窗体模块和报表模块都是类模块，它们各自与某一特定窗体或报表相关联
   C. 标准模块包含与任何其他对象都无关的常规过程，以及可以从数据库任何位置运行的经常使用的函数
   D. 标准模块和某个特定对象无关的类模块的主要区别在于，其范围和生命周期不同

3. 字符串的类型标识符是_____。
   A. Integer　　　　　B. Long　　　　　C. String　　　　　D. Date

4. 已知程序段如下：
   S=0
   For i=1 to 10 step 2
   　　s=s+1
   　　i=i * 2
   Next i
   当循环结束后，变量 i 和 s 的值分别为_____。
   A. 10　3　　　　　B. 11　4　　　　　C. 22　5　　　　　D. 16　6

5. 在 DAO 模型中，处在最顶层的对象是_____。
   A. DBEngine　　　　B. Workspace　　　　C. Field　　　　D. Connection

6. 在 ADO 对象模型中，可以打开 RecordSet 对象的_____。
   A. 只能是 Connection 对象　　　　　　B. 只能是 Command 对象
   C. 可以是 Connnection 对象和 Command 对象　　　　　D. 不存在

7. 下列语句中，用于实现无条件转移的语句是_____。
   A. GoTo 语句　　　B. If 语句　　　C. Switch 语句　　　D. If…Else…语句

8. 已知定义好的有参函数 $f(m)$，其中形参 m 是整型量。当调用该函数且传递实参为 5 时，将返回的函数值赋予变量 t。以下结果中，正确的是_____。
   A. $t=f(m)$　　　B. $t=$Call $f(m)$　　C. $t=f(5)$　　D. $t=$Call $f(5)$

9. VBA 的逻辑值进行运算时，True 值被当作_____。
   A. 0　　　　　　B. -1　　　　　C. 1　　　　　D. 任意值

10. 在以下 4 种运算中，运算级别最高的是_____。
    A. 逻辑运算　　　B. 比较运算　　　C. 数学运算　　　D. 连接运算

11. 在 VBA 的"If…End If"结构中，还可以嵌套_____个"If…End If"结构。
    A. 5　　　　　　B. 10　　　　　C. 20　　　　　D. 无限个

12. 在 VBA 中，用实际参数 a 和 b 调用有参过程 Area(m,n) 的正确形式是_____。

　　A. Area m,n　　　　B. Area a,b　　　　C. Call Area(m,n)　　　D. Call Area a,b

13. num 的数据类型是_____。

　　A. 长整数　　　　　B. 单精度数　　　　　C. 整数　　　　　　　D. 双精度数

14. 在 Access 环境下,打开 VBA 的快捷键是_____。

　　A. F5　　　　　　　B. Alt ＋ F4　　　　　C. Alt ＋ F11　　　　　D. Alt ＋ F12

15. 给定日期 DD,可以计算该日期当月最大天数的正确表达式是_____。

　　A. Day(DD)

　　B. Day(DateSerial(Year(DD),Month(DD),Day(DD)))

　　C. Day(DateSerial(Year(DD),Month(DD),0))

　　D. Day(DateSerial(Year(DD),Month(DD)＋1,0))

16. 在 VBA 中,如果一个变量没有进行任何定义,则该变量的类型是_____。

　　A. 长整型　　　　　B. 整型　　　　　　　C. 布尔型　　　　　　D. 变体型

17. 以下声明 I 是整型变量的语句中,正确的是_____。

　　A. Dim I,J As Integer　　　　　　　　　B. I＝600

　　C. Dim I As Integer　　　　　　　　　　D. I As Integer

18. 以下字符串函数中,可从字符串 S 中的第 3 个字符开始获得 4 个字符的函数是_____。

　　A. Mid $\$ (S,3,4)$　　　　　　　　　　B. Left $\$ (S,3,4)$

　　C. Right $\$ (S,4)$　　　　　　　　　　D. Left $\$ (S,4)$

19. 以下逻辑表达式中,结果为 True 的是_____。

　　A. Not 3＋5＞8　　B. 3＋5＞8　　　　C. 3＋5＜8　　　　D. Not 3＋5＞＝8

20. 在一个 Dim 定义语句中,可以声明多个变量,且多个变量名之间用_____作间隔。

　　A. ～　　　　　　　B. -　　　　　　　　C. ,　　　　　　　　D. :

二、填空题(每小题 3 分,共 30 分)

1. 表达式"abcdef"&12345 的运算结果为_____。

2. 表达式 Int(－3.1)的结果为_____。

3. 在程序运行过程中,其值可以发生改变的量叫作_____。

4. 在 VBA 系统的函数库中,有一些常用的且被定义好的函数供用户直接调用,这些由系统提供的函数称为_____。

5. VBA 的三种流程控制结构是顺序结构、选择结构和_____。

6. 模块包含了一个声明区域和一个或多个子过程_____,或函数过程_____。

7. 模块以_____语言为基础编写。

8. 在 Access 中,模块可以分为_____和_____。

9. Access 的窗体或报表事件,可以运行宏对象和_____两种方法来响应。

10. Access 提供的一个编程界面是_____。

三、判断题(正确的打"√",错误的打"×",每小题 1 分,共 10 分)

1. 模块基本上由声明、语句和过程构成。　　　　　　　　　　　　　　　　　(　　)

2. 窗体和报表都属于类模块。　　　　　　　　　　　　　　　　　　　　　(　　)

3. 类模块不能独立存在。　　　　　　　　　　　　　　　　　　　　　　　(　　)

4. 标准模块包含通用过程和常用过程。 （ ）

5. 每个对象的事件都是不相同的。 （ ）

6. 触发相同的事件，可以执行不同的事件过程。 （ ）

7. 事件可以由程序员定义。 （ ）

8. 事件都是由用户的操作触发的。 （ ）

9. 方法是属于对象的。 （ ）

10. 方法是对事件的响应。 （ ）

四、简答题（每小题 4 分，共 20 分）

1. VBA 与宏的区别是什么？

2. Function 过程与 Sub 过程有何异同？

3. 常量与变量的区别是什么？

4. 模块分为哪几种类型？

5. 如何在模块中运行宏？

第 10 章　SQL Server 数据库的基本应用测试题

一、单项选择题（每小题 2 分，共 40 分）

1. SQL Sever 数据库保存了所有系统数据和用户数据，这些数据被组织成不同类型的数据库对象，以下不属于数据库对象的是＿＿＿＿＿。
   A. 表 　　　　　　　B. 视图 　　　　　　　C. 索引 　　　　　　　D. 规则

2. 定义基本表时，若定义某一列为＿＿＿＿＿索引，则其值是唯一的。
   A. 候选 　　　　　　B. 聚焦 　　　　　　　C. 字段 　　　　　　　D. 主键

3. 以下的英文缩写中，表示数据库管理系统的是＿＿＿＿＿。
   A. DB 　　　　　　　B. DBMS 　　　　　　 C. DBA 　　　　　　 D. DBS

4. 一个学生可以同时借阅多本图书，一本图书只能由一个学生借阅，学生和书之间的联系为＿＿＿＿＿联系。
   A. 一对一 　　　　　B. 一对多 　　　　　　C. 多对多 　　　　　D. 多对一

5. 数据库文件在磁盘上是以文件为单位存储的，并由数据库文件和＿＿＿＿＿文件组成。
   A. 主要文件 　　　　B. 数据文件 　　　　　C. 事务日志文件 　　D. 默认文件

6. SQL Sever 数据库提供了＿＿＿＿＿类数据类型。
   A. 5 　　　　　　　　B. 6 　　　　　　　　C. 7 　　　　　　　　D. 8

7. 数据库日志文件的扩展名为＿＿＿＿＿。
   A. .mdb 　　　　　　B. .mdf 　　　　　　　C. .ldb 　　　　　　D. .ldf

8. SQL Sever 2000 是典型的＿＿＿＿＿数据库管理系统。
   A. 浏览器/服务器 　　　　　　　　　　　B. 客户机/客户机
   C. 客户机/服务器 　　　　　　　　　　　D. 浏览器/浏览器

9. 根据关系数据基于的数据模型——关系模型的特征，以下说法中，正确的是＿＿＿＿＿。
   A. 只存在一对多的实体关系，以图形方式来表示
   B. 以二维表格结构来保存数据
   C. 能体现一对多、多对多的关系，但不能体现一对一的关系
   D. 关系模型数据库是数据库发展的最初阶段

10. SQL Server 2000 是一个＿＿＿＿＿的数据库系统。
    A. 网状型 　　　　　B. 层次型 　　　　　　C. 关系型 　　　　　D. A,B,C 都不是

11. 表在数据库中是一个非常重要的数据对象，它是用来＿＿＿＿＿各种数据内容的。
    A. 显示 　　　　　　B. 查询 　　　　　　　C. 存放 　　　　　　D. 检索

12. 若在某个字段值中出现了 NULL，则 NULL 表示该值为＿＿＿＿＿。
    A. 0 　　　　　　　　B. 空 　　　　　　　　C. 不确定 　　　　　D. 无意义

13. 在关系数据库中，主键是＿＿＿＿＿。
    A. 标识表中唯一的实体 　　　　　　　　B. 创建唯一的索引，允许空值
    C. 只允许以表中第 1 字段建立 　　　　　D. 允许有多个主键的

14. 为数据表创建索引的目的是为了＿＿＿＿＿。
    A. 提高查询的检索性能 　　　　　　　　B. 创建唯一索引

  C. 创建主键   D. 归类

15. 一个仓库可以存放多种产品,一种产品只能存放于一个仓库中。仓库与产品之间的联系类型是_____。

  A. 一对一的联系   B. 多对一的联系   C. 一对多的联系   D. 多对多的联系

16. 以下说法中,正确的是_____。

  A. 多对多的联系总是可以转换成两个一对多的联系

  B. SQL Server 2000 是数据库

  C. 数据的三种范畴包括现实世界阶段、虚拟世界阶段、信息世界阶段

  D. 我们通常所说的数据仓库就是指数据库仓库

17. 在 SQL Server 数据库中,以下不是数据库对象的是_____。

  A. 用户   B. 数据   C. 表   D. 数据类型

18. 数据库系统不仅包括数据库本身,还要包括相应的硬件、软件和_____。

  A. 数据库管理系统   B. 数据库应用系统

  C. 相关的计算机系统   D. 各类相关人员

19. SQL Server 2000 提供了一整套管理工具和实用程序,在下列选项中,负责提供启动、暂停和停止 SQL Server 服务的是_____。

  A. 企业管理器   B. 导入和导出数据

  C. 事件探察器   D. 服务管理器

20. 以下说法中,正确的是_____。

  A. 在建立数据库时,SQL Server 可以创建操作系统文件及其目录路径

  B. 数据库中有一些以 SYS 开头的系统表,用来记录 SQL Server 组件、对象所需要的数据,这些系统表全部存放在系统数据库中

  C. 对于以 SYS 开头的系统表中的数据,用户不能直接修改,但可以通过系统存储过程、系统函数进行改动、添加

  D. 12AM 是中午,12PM 是午夜

二、填空题(每小题2分,共20分)

1. 字符型数据包括_____和_____两种类型。前者称为固定长度字符型数据,后者称为可变长度字符型数据。

2. _____约束,通过检查一个或多个字段的输入值是否符合设定的检查条件来强制数据的完整性。

3. _____是按照一定的数据模型组织的,长期存储在计算机内,可为多个用户共享的数据的集合。

4. Windows NT 授权认证模式只适用于_____平台。

5. 在关系模型中,数据完整性一般分为三类:域完整性,_____,参考完整性。

6. 能唯一标识一个元组的属性或属性组的字称为_____。

7. 实体之间联系的基本类型有一对一、_____和多对多。

8. 用来存储数据库数据的操作系统文件,主要有_____和_____两类。

9. 数据完整性就是指数据库中的数据在逻辑上的_____和准确性。

10. 索引可以分为非聚簇索引和_____。

三、判断题(正确的打"√",错误的打"×",每题2分,共20分)

1. 可以在企业管理器中修改数据库的名称。 　　　　　　　　　　　　　　　　　(　　)

2. 安装 Microsoft SQL Server 2000 企业版对操作系统的最低要求可以是 Microsoft Windows 2000 Professional。 　　　　　　　　　　　　　　　　　　　　　　(　　)

3. 每一个服务器必须属于一个服务器组,一个服务器组可以包含 0 个、1 个或多个服务器。
　　　　　　　　　　　　　　　　　　　　　　　　　　　　　　　　　　　(　　)

4. 索引越多越好。 　　　　　　　　　　　　　　　　　　　　　　　　　　　(　　)

5. 视图本身没有数据,因为视图是一个虚拟的表。 　　　　　　　　　　　　　　(　　)

6. 在创建表时,不能指定将表放在某个文件上,只能指定将表放在某个文件组上。如果希望将某个表放在特定的文件上,那么必须通过创建文件组来实现。 　　　　　　　(　　)

7. 通配符"_"可表示某单个字符。 　　　　　　　　　　　　　　　　　　　　　(　　)

8. 认证模式是在安装 SQL Server 过程中选择的。系统安装之后,可以重新修改 SQL Server 系统的认证模式。 　　　　　　　　　　　　　　　　　　　　　　(　　)

9. 当用户定义的数据类型正在被某个表的定义引用时,这些数据类型不能被删除。 　(　　)

10. "默认"是一种数据库对象,可以被绑定到一个或者多个列上。 　　　　　　　(　　)

四、简答题(每小题5分,共20分)

1. SQL Server 2000 数据库管理系统包含哪几种常用版本? 它们有何区别?

2. 什么是事务? 事务日志文件的作用是什么?

3. SQL Server 2000 中的数字数据包含哪些? 各自的特点是什么?

4. 什么是约束? 约束管理分为哪几类?

第 11 章　SQL Server 数据库的高级应用测试题

一、选择题（每题 2 分，共 40 分）

1. 下面关于存储过程的叙述中，正确的是_____。
   A. 存储过程创建时可以包含任何类型的 SQL 语句
   B. 存储过程中参数的最大数目为 2100
   C. 命名存储过程中的标识符时，长度不能超过 256 个字符
   D. 自定义存储过程与系统存储过程名称可以相同

2. 下列 SQL 命令语句中，用于创建存储过程的语句是_____。
   A. CREATE DATABASE　　　　　　B. CREATE TRIGGER
   C. CREATE PROCEDURE　　　　　　D. CREATE TABLE

3. 下列 SQL 命令语句中，用于修改存储过程的语句是_____。
   A. ALTER TABLE　　　　　　　　　B. ALTER DATABASE
   C. ALTER TRIGGER　　　　　　　　D. ALTER PROCEDURE

4. 下列对触发器的叙述中，错误的是_____。
   A. 触发器与存储过程的区别在于，触发器能够自动执行并且不含有参数
   B. 触发器属于一种特殊的存储过程
   C. AFTER 触发器只能在表上定义，在同一个数据表中只能创建一个 AFTER 触发器
   D. 触发器有助于在添加、更新或删除表中的记录时，保留表之间已定义的关系

5. 系统存储过程的前缀是_____。
   A. sp_　　　　　　B. xp_　　　　　　C. ＃　　　　　　D. ＃＃

6. 扩展存储过程的前缀为_____。
   A. sp_　　　　　　B. xp_　　　　　　C. ＃　　　　　　D. ＃＃

7. 下列叙述中，不属于存储过程优点的是_____。
   A. 预编译执行程序　　　　　　　　B. 减少网络流量
   C. 增强安全性控制　　　　　　　　D. 自动并强制执行

8. 下列 SQL 命令语句中，用于创建触发器的语句是_____。
   A. CREATE DATABASE　　　　　　B. CREATE TRIGGER
   C. CREATE PROCEDURE　　　　　　D. CREATE TABLE

9. 下列 SQL 命令语句中，用于修改触发器的语句是_____。
   A. ALTER TABLE　　　　　　　　　B. ALTER DATABASE
   C. ALTER TRIGGER　　　　　　　　D. ALTER PROCEDURE

10. 下列系统存储过程中，可以用于查看触发器的是_____。
    A. sp_depends　　　　　　　　　　B. sp_helptext
    C. sp_depends　　　　　　　　　　D. sp_helptrigger

11. 下列数据库角色中，不属于 SQL Server 中角色的是_____。
    A. 服务器角色　　　B. 客户端角色　　　C. 数据库角色　　　D. 应用程序角色

12. 下列数据库角色中，可以对所拥有的数据库执行任何操作的角色是_____。

　　A. db_accessadmin　　　　　　　　　　B. db_ddladmin
　　C. db_owner　　　　　　　　　　　　　D. db_datareader

13. 下列数据库角色中,可以备份和恢复数据库的角色是_____。
　　A. db_accessadmin　　　　　　　　　　B. db_ddladmin
　　C. db_owner　　　　　　　　　　　　　D. db_backupoperator

14. 下列命令语句中,在触发器中可以使用的是_____。
　　A. CREATE DATABASE　　　　　　　　B. CREATE INDEX
　　C. UPDATE TABLE　　　　　　　　　　D. CREATE TABLE

15. 下列数据库角色中,不能对数据库中的任何表执行增加、修改和删除操作的角色是
　　_____。
　　A. db_accessadmin　　　　　　　　　　B. db_denydatawriter
　　C. db_owner　　　　　　　　　　　　　D. db_datareader

16. 事务作为一个逻辑单元,其基本属性中不包括_____。
　　A. 原子性　　　　　B. 一致性　　　　　C. 隔离性　　　　　D. 短暂性

17. 下列事务中,不属于 SQL Server 中事务的是_____。
　　A. 显示事务　　　　B. 隐式事务　　　　C. 系统事务　　　　D. 自动事务

18. 下列命令语句中,可使嵌套式事务中的全局变量@@TRANCOUNT 加 1 的命令语句是
　　_____。
　　A. BEGIN TRANSACTION　　　　　　　B. ROLLBACK TRANSACTION
　　C. ROLLBACK savepoint_name　　　　　D. COMMIT TRANSACTION

19. 下列命令语句中,可标记一个成功显示事务或结束隐式事务的命令语句是_____。
　　A. BEGIN TRANSACTION　　　　　　　B. ROLLBACK TRANSACTION
　　C. ROLLBACK savepoint_name　　　　　D. COMMIT TRANSACTION

20. 下列命令语句中,可在事务内设置保存点的命令语句是_____。
　　A. BEGIN TRANSACTION　　　　　　　B. SAVE TRANSACTION
　　C. ROLLBACK savepoint_name　　　　　D. COMMIT TRANSACTION

二、填空题(每空 1.5 分,共 30 分)

1. 就本质而言,触发器也是一种_____。

2. 在 SQL Server 2000 中,支持 5 种类型的存储过程,分别为_____、_____、_____、_____和_____。

3. 在一个存储过程中,可以使用任何 SQL 命令语句,但是不包括语句_____、_____、_____、_____、_____。

4. 触发器可以用于 SQL Server 约束、_____,还可以完成用普通约束难以实现的复杂功能。

5. 用_____命令语句可以删除触发器。

6. 在触发器的删除操作中,删除_____时,将自动删除与该表相关的触发器。

7. 在 SQL Server 2000 中,角色分为_____、_____和_____三种。

8. SQL Server 的事务分为_____、_____和_____三类。

三、判断题（正确的打"√"，错误的打"×"，每小题 1 分，共 10 分）

1. 存储过程最多能支持 64 层的嵌套。　　　　　　　　　　　　　　　　　　（　　　）
2. 对于没有直接执行存储过程中语句权限的用户，也可授予他们修改存储过程的权限。

　　　　　　　　　　　　　　　　　　　　　　　　　　　　　　　　　　　　　（　　　）
3. 命名存储过程中的标识符时，长度不能超过 128 个字符。　　　　　　　　　（　　　）
4. 可以一次性修改多个存储过程。　　　　　　　　　　　　　　　　　　　　（　　　）
5. 触发器可以建立在视图和系统表格上。　　　　　　　　　　　　　　　　　（　　　）
6. 触发器中不可以使用任何数据库对象修改指令。　　　　　　　　　　　　　（　　　）
7. 删除触发器所在的表时，SQL Server 2000 将自动删除与该表相关的触发器。　（　　　）
8. 固定数据库角色 db_datareader 能对数据库中的任何表执行任何操作，从而读取所有表的
　 信息。　　　　　　　　　　　　　　　　　　　　　　　　　　　　　　　　（　　　）
9. 应用程序角色不包含任何成员；在默认情况下，应用程序角色是非活动的，需要用密码激
　 活。　　　　　　　　　　　　　　　　　　　　　　　　　　　　　　　　　（　　　）
10. 隐式事务需要使用 BEGIN TRANSACTION 语句标识事务的开始。　　　　　（　　　）

四、简答题（每小题 5 分，共 20 分）

1. 简述触发器和存储过程的区别。
2. 使用触发器有哪些优点？
3. 固定的数据库角色有哪些？
4. 什么是事务？事务有哪些属性？

测试题参考答案

第1章测试题参考答案

一、单项选择题

1. A	2. C	3. A	4. C	5. C	6. B	7. D	8. A
9. C	10. A	11. B	12. C	13. A	14. C	5. D	16. C
17. D	18. B	19. D	20. C	21. C	22. B	23. A	24. C
25. C	26. C	27. A	28. C	29. C	30. D	31. B	32. C
33. B	34. C	35. C	36. B	37. B	38. A	39. D	40. C

二、填空题

1. 物理独立性　　　　　　2. 数据　　　　　　　　　3. 码或主键
4. 数据操纵　完整性约束　5. 矩形　菱形　椭圆　　6. DBMS　DBA
7. 一对一　一对多　多对多　8. 实体完整性　参照完整性　用户自定义完整性
9. 选择　投影　连接　除

三、判断题

1. ×	2. ×	3. √	4. ×	5. √	6. √	7. ×	8. ×
9. ×	10. √						

四、简答题

1.【答】：

数据库的体系结构分成三级,即外部模式(用户层)、外部模式(全局逻辑层)和内模式。数据库的三级体系结构是数据的三个抽象级别,将用户与物理数据库分开,用户只要抽象地处理数据,而不需要关心数据在计算机中的表示和存储,这样就减轻了用户使用系统的负担。三级结构之间往往差别很大,为了实现这三个抽象级别的联系和转换,DBMS 在这三级结构间提供了两个层次的映像——外模式/模式映像和模式/内模式映像。正是这两级映像保证了数据库系统中的数据能够具有较高的逻辑独立性和物理独立性。

2.【答】：

数据库的逻辑独立性是指用户的应用程序与数据库的逻辑结构是相互独立的,使得当数据的逻辑结构改变了,用户程序可以不变。数据库的物理独立性是指用户的应用程序与存储在磁盘上的数据是相互独立的,使得当数据的物理结构改变了,应用程序也可以不变。数据库系统的三级模式是对数据的三个抽象级别,将数据的具体组织留给 DBMS 管理,使用户能逻辑地、抽象地组织数据,而不关心数据在计算机上的具体表示方式和存储方式。为了能够在内部实现三个抽象层次的联系和转换,数据库系统在三级模式之间提供了两级映像:外模式/模式的映像、模式/内模式的映像。

3.【答】:

　　数据库系统是对数据进行存储、管理、处理和维护的计算机软件系统。数据库系统由数据库(DB)、数据库管理系统(DBMS)、数据库管理员(DBA)、计算机硬件系统等几部分组成。

4.【答】:

　　DBA 的主要职责是:

　　(1) 进行数据库设计。DBA 的主要任务之一是数据库的设计,具体地说是进行数据模式的设计。

　　(2) 进行数据库维护。DBA 必须对数据库的安全性、完整性、并发控制及系统恢复、数据定期转储等进行实施与维护。

　　(3) 改善系统性能,提高系统效率。DBA 必须随时监视数据库的运行状态,不断调整内部结构,使系统保持最佳状态与效率。

5.【答】

　　数据库管理系统(DBMS)的主要功能有:

　　(1) 数据定义功能。DBMS 提供数据定义语言 DDL(Data Define Language),定义数据的模式、外模式和内模式三级模式结构,定义模式/内模式和外模式/模式二级映像,定义有关的约束条件。

　　(2) 数据组织、存储和管理功能。DBMS 要分类组织、存储和管理各种数据,包括数据字典、用户数据、数据的存取路径等。数据组织和存储的基本目标是提高存储空间利用率和方便存取,提供多种存取方法(如索引查找、Hash 查找、顺序查找等)来提高存取效率。

　　(3) 数据操纵功能:DBMS 还提供数据操纵语言 DML(Data Manipulation Language),用户可以使用 DML 实现对数据库的基本操作,如查询、插入、删除和修改等。

　　(5) 数据库的建立和维护功能:数据库的建立和维护包括数据库初始数据的输入、数据库的转储、恢复、重组织、系统性能监视、分析功能等。

第 2 章测试题参考答案

一、单项选择题

1. A	2. D	3. B	4. D	5. C	6. D	7. A	8. D
9. C	10. D	11. C	12. B	13. A	14. B	15. D	16. A
17. B	18. A	19. A	20. A	21. B	22. D	23. A	24. D
25. C	26. C	27. C	28. B	29. D	30. D	31. D	32. D
33. A	34. C	35. B	36. A	37. D	38. D	39. C	40. A

二、填空题

1. 面向过程　　　　　　　　2. 数据查询　数据操纵　数据定义　.数据控制

3. 自含式　嵌入式　　　　　4. WHERE　GROUP BY　HAVING

5. ORDER BY　ASC　DESC　6. DESTINCT　　　　　7. LIKE %　—

8. 不相关子查询　相关子查询　9. CREATE TABLE　　　10. ALTER TABLE

11. 表达式　　　　　　　　　12. 空值　　　　　　　　13. 内　外

14. SELECT　　　　　　　　　15. SQL　　　　　　　　　16. 选择全部属性

17. 数值型或字符型　　　　　18. SET　　　　　　　　19. 修改基本表的结构

20. 数值型

三、判断题

1. √　　　2. ×　　　3. ×　　　4. √　　　5. √　　　6. √　　　7. √　　　8. √

9. ×　　　10. ×

四、简答题

1.【答】：

把 SELECT-FROM-WHERE 查询作为子查询用于另一个查询的 WHERE 子句中,这种查询结构称为嵌套查询。当子查询中所涉及的条件与其外层查询的参数有关时,在整个查询过程中子查询就要多次求值,其求值次数,也就是子查询的处理次数,等于外层关系的元组个数,这种与外层查询密切相关的子查询就称为相关子查询。

2.【答】：

SQL 语言的主要特点如下：

（1）功能强大,通用性好,能把多种功能融为一体。

（2）高度非过程化。用户只需指出"做什么"而不需要指出"怎么做",数据的存取和整个语句的操作过程由系统自动完成,从而大大减轻了用户的负担。

（3）面向集合的操作方式。查询的结果和更新操作的对象均可为元组的集合。

（4）简单易学,灵活运用。语言简洁,语法简单,既可直接使用 SQL 语句对数据库进行操作,也可把 SQL 语句嵌入到高级语言程序中。

3.【答】：

相关子查询和不相关子查询的区别是:相关子查询的查询条件依赖于父查询,因此,每当系统从外查询检索一条新的元组时,都要重新对内查询求值;而不相关子查询查询条件依赖于父查询,因此,内查询在外查询处理之前执行。

4.【答】：

SQL 语言可以作为独立语言在终端以交互的方式下使用的是面向集合的描述性语言,是非过程性的,而且大多数语句独立执行的,与上下文无关。而许多事务处理应用都是过程性的,需要根据不同的条件来执行不同的任务,因此单纯用 SQL 语言是很难实现这类应用的。为此将 SQL 嵌入到某种高级语言中,利用高级语言的过程性结构来弥补 SQL 语言实现复杂应用方面的不足。而这种 SQL 语言称之为嵌入式 SQL。

5.【答】：

查询优化的主要策略有：

（1）在关系代数表达式中尽可能早地执行选择操作。

（2）把笛卡尔积和随后的选择操作合并成 F 连接运算。

（3）同时计算一连串的选择和投影操作,以免分开运算造成多次扫描文件,从而能节省操作时间。

（4）如果在一个表达式中多次出现某个子表达式,应该将该子表达式预先计算出结果保存起来,以免重复计算。

（5）适当地对关系文件进行预处理。

（6）在计算表达式之前应先估计一下怎么计算才最佳。

第3章测试题参考答案

一、单项选择题

1. D	2. D	3. B	4. D	5. D	6. A	7. B	8. B
9. C	10. B	11. A	12. B	13. B	14. A	15. A	16. C
17. C	18. B	19. B	20. A	21. B	22. B	23. C	24. D
25. B	26. C	27. D	28. C	29. D	30. B	31. A	32. A
33. A	34. B	35. B	36. D	37. D	38. D	39. C	40. A

二、填空题

1. 约束条件	2. 64 个字符	3. 自动	4. 窗体	5. 报表
6. 网页	7. 宏	8. 设计	9. 数据表	10. 主关键字
11. 备注	12. L	13. ?	14. A	15. a
16. 9	17. C	18. 0	19. &	20. 桂\C-T0000

三、判断题

1. ×	2. √	3. √	4. ×	5. ×	6. ×	7. √	8. √
9. √	10. ×						

四、简答题

1.【答】：

　　在 Access 2003 中，创建表的方法主要有三种：使用设计器创建表，使用向导创建表和通过输入数据创建表。

2.【答】：

　　数据表具有两种基本视图：设计视图和数据表视图。在设计视图中，可以从头开始创建整个表，还可以添加、删除或自定义表中的字段。在数据表视图中，用户可以对这个表中的数据进行添加、编辑、查看等操作。

3.【答】：

　　主键的特点是：主键字段不能包含相同的值，也不能为空（NULL）值。

4.【答】。

　　用户可以在 Access 中定义三种类型的主键：自动编号主键，单字段主键及多字段主键。

第4章测试题参考答案

一、单项选择题

1. A	2. C	3. C	4. B	5. D	6. A	7. B	8. C
9. B	10. B	11. B	12. D	13. A	14. D	15. D	16. B
17. D	18. B	19. A	20. C				

二、填空题

1. 交叉表查询	2. 更新查询	3. 交叉表
4. 参数查询	5. 查询	6. GroupBy
7. SQL 视图	8. SQL	9. 添加时的顺序
10. 准则	11. 列标题	12. 删除查询
13. *	14. 追加查询	15. like" * 信息 * "
16. 方括号"[ ]"	17. 删除成绩表中所有数学或计算机成绩小于 60 分的记录	
18. INSERT	19. SELECT * FROM 图书表	20. WHERE

三、判断题

1. √   2. √   3. √   4. ×   5. ×   6. √   7. √   8. √
9. ×   10. √

四、简答题

1.【答】:

查询不仅可以检索符合特定条件的数据,而且可以通过查询向表中添加新数据。查询具备以下功能:

(1) 选择字段。从数据表中选择满足用户需要的部分字段。

(2) 选择记录。从数据表中选择满足某种准则的部分记录。

(3) 排序记录。对数据表的数据进行重新排序,即把查询的结果按照某种顺序显示出来。

(4) 修改数据。可以利用查询添加、修改和删除表中的记录。

(5) 建立新表。

(6) 统计计算。可以使用查询来执行对表中数据的统计计算,如求和(Sum)、求平均值(Average)、求最大值(Max)以及最小值(Min)等。

(7) 提供数据来源。查询的结果还可以作为窗体、报表和数据访问页的数据来源。

2.【答】:

查询依据其对数据源操作方式及结果的不同分为以下 5 种类型:选择查询,参数查询,交叉表查询,操作查询,SQL 查询。在数据库中,数据查询是通过 SELECT 语句来完成的,SELECT 语句可以从数据库中按用户要求检索数据,并将查询结果以表格的形式返回。在 Access 中,有些复杂的查询必须使用 SELECT 语句才能完成。

3.【答】:

表达式由运算符和操作数组成。Access 可以利用表达式在任何字段上指定计算,并为计算创建新字段。

4.【答】:

查询可以依据一定的条件限制,从表或已有查询中提取满足条件的结果,这个条件就是查询的准则。准则可以是运算符、常量、字段值、函数以及字段名和属性的任意组合,查询准则应能够计算出一个结果。

5.【答】:

该 SQL 查询语句是:SELECT 学号 FROM 学生成绩表 WHERE 语文>85 。

第 5 章测试题参考答案

一、单项选择题

1. B　　2. C　　3. B　　4. B　　5. D　　6. D　　7. C　　8. A
9. C　　10. D　　11. A　　12. C　　13. A　　14. A　　15. B　　16. B
17. B　　18. B　　19. B　　20. C　　21. C　　22. B　　23. D　　24. A
25. B　　26. D　　27. D　　28. B　　29. D　　30. C　　31. C　　32. C
33. A　　34. D　　35. B　　36. B　　37. A　　38. D　　39. D　　40. D

二、填空题

1. 任何　　2. 主要工作界面　　3. 窗体视图　　4. 节
5. 自动创建窗体　　6. 操作说明　　7. DEL 或 Delete　　8. 主体节
9. 打印　　10. 表或查询　　11. 输入文本　　12. 命令
13. 选项卡　　14. ＝或等号　　15. 字段名　　16. 表达式
17. 输入掩码　　18. 有效性规则　　19. 名称　　20. 一对多

三、判断题

1. √　　2. √　　3. √　　4. √　　5. ×　　6. ×　　7. √　　8. ×
9. √　　10. √

四、简答题

1.【答】:

窗体有三种视图:设计视图,窗体视图和数据表视图。

它们的主要区别在于:在窗体的设计视图中,可以对窗体中的内容进行修改;窗体视图用于查看窗体的效果;数据表视图用于查看来自窗体的数据。

2.【答】:

窗体是由控件和节组成的。

控件是大部分用户所看见和使用的窗体组成部分。它可以显示数据或接受数据输入,可以对数据执行计算,可以显示消息,也可以添加视觉效果(比如线条和图片),以使窗体的使用更容易。

节包含窗体的主体节、窗体页眉节、窗体页脚节、页面页眉节和页面页脚节等 5 种。其中:

·主体节通常显示记录数据,可以在屏幕或页面上只显示一条记录,也可以显示多条记录。主体节可以包含大多数控件,例如用来查看或输入数据的控件(如文本框和列表框);也可以包含固定的控件,如标签和说明等。

·窗体页眉节包括对所有记录都要显示的内容,一般用于设置窗体的标题。在窗体视图中,窗体页眉节显示在窗体的顶部,打印时,则显示在第 1 页的顶部。

·窗体页脚节通常包含导航信息或提示性文字,包括对所有记录都要显示的内容,一般用于设置对窗体的操作说明。在窗体视图中,窗体页脚节显示在窗体的底部,打印时,则显示在最后一页的最后一个主体节之后。

　　·页面页眉节用于设置窗体在打印时的页头信息,一般用于显示标题。

　　·页面页脚节用于设置窗体在打印时的页脚信息,一般用于显示日期或页码。在窗体中,页面页眉节和页面页脚节仅当打印窗体时显示,在窗体视图中不显示。

　　在组织显示为多个网页的复杂窗体时,页眉节和页脚节非常有用。

3.【答】:

　　主-子窗体是指能在一个窗体中显示另一个窗体中数据的窗体。其中,包含在一个窗体中的窗体称为子窗体,包含子窗体的窗体称为主窗体。

　　主-子窗体的其作用是:以主窗体的某个字段为依据,在子窗体中显示与此字段相关的记录,而在主窗体中切换记录时,子窗体的内容也会随着切换。因此,当要显示具有一对多关系的表或查询时,主-子窗体特别有效。

4.【答】:

　　工具箱中主要有以下一些常用的控件:

　　(1) 标签(Label)控件:它是在窗体、报表或数据访问页上显示文本信息的控件,常用作提示和说明信息。标签不显示字段或表达式的数值,它没有数据来源。

　　(2) 文本框(TextBox)控件:它是一个交互式控件,既可以显示数据,也可以接收数据的输入。

　　(3) 组合框(ComBox)控件:它可以看作是文本框和列表框的组合,既是一个文本框,可以接受用户输入新的值,也是一个列表框,用户可以从列表中选择一个值。

　　(4) 列表框(ListBox)控件:窗体中的列表框,可以包含一列或几列数据,每行可以有一个或多个字段。列表框只能显示值,不接受用户输入的新值。

　　(5) 命令按钮(Command button) 控件:它用来启动一项操作或一组操作。

　　(6) "选项组"(Frame)控件:它由一个组框架及一组选项按钮、复选框或切换按钮组成。"选项组"控件可为用户提供必要的选择选项,用户只需进行简单的选取即可。

　　(7) "选项卡"控件:它也称为页(Page),可以用于分页显示单个窗体中的多个信息。用户只需要单击选项卡,就可以切换到另一个页面。

　　(8) "图像"控件:它是一个放置图形对象的控件。

　　(9) "未绑定对象框"控件:它用于显示不存储到数据库中的 OLE 对象。

　　(10)"绑定对象框"控件:它用于显示数据表中 OLE 对象类型的字段内容。

　　(11)"直线"(Line)、"矩形"(Box)控件。它们用于显示效果。

5.【答】:

　　切换面板是一种特殊的窗体,它的用途主要是为了打开数据库中其余的窗体和报表。因此,可以将一组窗体和报表组织在一起形成一个统一的与用户交互的界面,而不需要一次又一次地单独打开和切换相关的窗体和报表。

第 6 章测试题答案

一、单项选择题

1. B　　　2. B　　　3. A　　　4. C　　　5. D　　　6. C　　　7. C　　　8. D
9. C　　　10. A　　　11. D　　　12. C　　　13. D　　　14. C　　　15. A　　　16. C
17. A　　　18. C　　　19. C　　　20. C　　　21. A　　　22. D　　　23. C　　　24. B

25. B 　　26. B 　　27. D 　　28. B 　　29. B 　　30. C

二、填空题

1. 最后一页　　　　2. 子报表　父报表　　3. 节　　　　　　4. 属性
5. 标签报表　　　　6. 表格式　　　　　　7. 表名和查询名
8. 编辑修改　　　　9. 每页顶部　每页底部　10. 等号"＝"
11. 直线或矩形　　　12. 排序和分组　　　　13. 分组　　　　14. 一个
15. 报表页眉　　　　16. 页眉　　　　　　17. 两级　　　　18. 4
19. 自然顺序　　　　20. 打印预览

三、判断题

1. × 　　2. √ 　　3. × 　　4. √ 　　5. × 　　6. √ 　　7. × 　　8. √
9. √ 　　10. √

四、简答题

1.【答】:

报表是 Access 中专门用来统计、汇总并且整理打印数据的一种工具,也是 Access 数据库的一个对象。它根据指定的规则打印输出格式化的数据信息。

报表的功能包括:呈现格式化的数据;分组组织数据,并进行汇总;打印输出标签、发票、订单和信封等多种样式报表;对输出数据进行计数、求平均值、求和等统计计算;创建主-子报表;嵌入图像或图片来丰富数据显示的内容。

2.【答】:

报表由多个节组成。所有报表都有主体节,除了主体节外,报表还可以包含报表页眉节、页面页眉节、组页眉节、组页脚节、页面页脚节和报表页脚节。其中:

· 主体节是报表中显示数据的主要区域,用来处理每条记录,其字段数据通过文本框或其他控件绑定显示,也可以包含字段的计算结果。

· 报表页眉节打印时,出现在报表第 1 页的页面页眉的上方。一般用于设置报表的标题,如公司名称、地址和徽标等。报表页眉节中的内容可以作为报表封面。

· 页面页眉节中的内容在报表的每一页顶端显示。

· 组页眉节和组页脚节,用于报表数据的分组统计和输出。其中,组页眉节一般安排分组字段,打印时在开始位置显示一次。

· 组页脚节出现在每组记录的结尾,常用于显示诸如小计等项目。

· 页面页脚节显示在每一页的底端,它可以包含页码、日期等。

· 报表页脚节在报表的末尾显示一次,它可包含整个报表的结论,例如总计或汇总说明等。

3.【答】:

报表主要分为 4 种类型:纵栏式报表,表格式报表,图表报表和标签报表。

4.【答】:

创建报表的方法基本上有以下三种:

· 使用"自动创建报表"创建报表:根据给定的表或查询,自动创建报表。

· 使用"报表向导"创建报表：依次回答向导的问题而自动地创建报表。

· 使用"设计视图"创建报表：通过指定记录源、添加控件、设置控件属性等手动的方法设计报表。

第7章测试题答案

一、单项选择题

1. A　　　 2. A　　　 3. D　　　 4. B　　　 5. A　　　　 6. B　　　 7. D　　　 8. B

9. A　　　 10. C　　 11. D　　 12. B　　 13. B　　　 14C　　　 15. B　　 16. B

17. A　　 18. C　　 19. D　　 20. A

二、填空题

1. 包含　　　　　　 2. 设计　　　　 3. 浏览数据访问页内容　　 4. 标题文本

5. 粘贴、链接　　　 6. 大小　　　　 7. 数据访问页　　　　　　 8. 移动或复制

9. 电子邮件网关　　 10. "字段列表"

三、判断题

1. √　　　 2. ×　　　 3. √　　　 4. ×　　　 5. √　　　 6. ×　　　 7. ×　　　 8. √

9. √　　　 10. √

四、简答题

1. 【答】：

通常，在创建数据访问页时，Access 2003 会根据所选定的数据库，自动设置"页面属性"的 ConnectionFile（链接文件）和 ConnectionString（链字符串）属性。否则：

(1) 在设计视图中打开数据访问页。

(2) 在"编辑"菜单上，单击"选择页"。

(3) 在属性表上，单击"数据"选项卡。

(4) 或执行下列操作之一：

a) 设置或编辑页的 ConnectionString 属性。

b) 指定或更改页链接到的链接文件。

2. 【答】：

OLE 对象是一种支持 OLE 协议的对象，用于对象的链接和嵌入。OLE 对象（如 Windows 画图图片或 Microsoft Excel 电子表格）可以链接或嵌入到字段、页、窗体或报表中。

3. 【答】：

在数据访问页中保存密码时，密码是以未加密的格式保存在页中的。页的用户将能够看到密码。恶意用户也可以访问这些信息，因此会降低数据源的安全性。

若要保护数据，则在页的设计视图中用鼠标右键单击空白处，再单击"页面属性"和"ConnectionString（链接字符串）"右边的浏览按钮，在"数据链接属性"对话框的"链接"选项卡上，清除"允许保存密码"复选框。

4.【答】：

在 Windows 资源管理器中,将数据访问页副本保存到 Web 服务器上的一般操作步骤如下：

(1) 在 Microsoft Windows 资源管理器中,用鼠标右键单击要复制或移动到 Web 服务器上的文件。在快捷菜单上,单击"复制"。

(2) 双击"网上邻居"。在"网上邻居"的文件夹中,双击所需文件夹,然后用鼠标右键单击要向其中保存数据访问页的目标文件夹。在快捷菜单上,单击"粘贴"。

(3) 如果看不到要将数据访问页保存到的 Web 服务器,可双击"添加一个网上邻居",并按照"添加网上邻居向导"中的提示进行操作。

第 8 章测试题参考答案

一、单项选择题

1. B   2. A   3. B   4. D   5. A   6. A   7. A   8. A
9. D   10. A   11. C   12. B   13. C   14. D   15. B   16. A
17. D   18. A   19. D   20. A

二、填空题

1. 操作   2.［对象名］!［控件名］   3. 排列次序
4. 宏组   5. …   6. AutoExe
7. 宏   8. 宏组名. 宏名   9. 视图
10. 控件的事件

三、判断题

1. √   2. ×   3. √   4. √   5. ×   6. √   7. √   8. √
9. ×   10. ×

四、简答题

1.【答】：

宏是指一个或多个操作的集合,其中每个操作都实现特定功能。创建这些操作可以帮助用户自动完成某些常规任务。

2.【答】：

条件操作宏就是在宏中设置条件表达式,用来判断是否执行宏。

3.【答】：

运行宏的方法有:直接运行宏,执行 RunMacro 操作在宏组中运行宏,在窗体中相应事件过程中运行宏。

4.【答】：

Access 中提供有单步执行宏的调试工具,其用法如下：

(1) 打开要调试的宏。

(2) 在工具栏上单击"单步"按钮,使其被选中。

（3）在工具栏上单击"运行"按钮，系统出现"单步执行宏"对话框。

（4）单击"单步执行"按钮，执行其中的操作。

（5）单击"停止"按钮，停止宏的执行并关闭对话框。

（6）单击"继续"按钮，关闭"单步执行宏"对话框，并执行宏的下一个操作命令。

5.【答】：

创建条件宏时，若条件"姓名"为空，则其条件表达式是：ISNULL（［姓名］）

第 9 章测试题参考答案

一、单项选择题

1. A　　　2. C　　　3. C　　　4. C　　　5. A　　　6. C　　　7. A　　　8. C
9. B　　　10. C　　11. D　　12. B　　13. C　　14. C　　15. D　　16. D
17. C　　18. D　　19. A　　20. C

二、填空题

1. ″abcdef12345″　　　　2. －4　　　　　　3. 变量
4. 系统函数　　　　　　5. 分支结构　　　　6. Sub Function
7. Basic　　　　　　　8. 标准模块 类模块　　9. VBA 代码
10. VBE

三、判断题

1. √　　　2. √　　　3. ×　　　4. √　　　5. ×　　　6. √　　　7. ×　　　8. ×
9. √　　　10. ×

四、简答题

1.【答】：

VBA 和宏类似，但主要有以下的区别：在数据库维护方面，内置于窗体和报表中的 VBA 事件程序会跟着数据库一起移动；VBA 可以建立用户自定义函数。

2.【答】：

模块由过程组成，每个过程都可以是一个 Function 过程或一个 Sub 过程。过程分为函数过程（Function）和子过程（Sub）。函数过程是一种返回值的过程。子过程是执行一项或一系列操作的过程，没有返回值。

3.【答】：

常量是在程序中一旦建立，其值不再改变的量；而变量是在程序中可以改变值的量。

4.【答】：

在 Access 中，模块分为标准模块和类模块两种类型。其中：

· 标准模块中，可以放入 Access 中的 VBA 程序设计编辑器或 Visual Basic 编译器，从而实现了与 Access 的完美结合。应用程序的开发是通过 Visual Basic 程序设计语言开发系统的用户界面，并依靠 Access 的后台支持。

· 类模块是可以定义新对象的模块。新建一个类模块，就是创建了一个新对象。模块中定义的过程将变成该对象的属性或方法。

5.【答】：

为了在模块中运行宏，可以使用一个特殊的对象 Docmd，因为它的 RunMacro 方法可以在模块中运行宏。

第 10 章测试题参考答案

一、单项选择题

1. D　　2. D　　3. B　　4. B　　5. C　　6. C　　7. D　　8. C
9. B　　10. C　　11. C　　12. B　　13. A　　14. A　　15. C　　16. A
17. B　　18. D　　19. D　　20. C

二、填空题

1. char　varchar　　　　2. 检查　　　　　　　3. 数据库
4. Windows　　　　　　　5. 实体完整性　　　　6. 关键字
7. 一对多　　　　　　　　8. 数据文件　日志文件　　9. 一致性
10. 聚簇索引

三、判断题

1. ×　　2. √　　3. √　　4. ×　　5. √　　6. √　　7. √　　8. ×
9. ×　　10. √

四、简答题

1.【答】：

SQL Server 2000 常用版本包括企业版、标准版和个人版。

（1）企业版（Enterprise Edition）：它是所有版本中功能最齐全的数据库管理系统，支持所有的 SQL Server 2000 特性，并且支持数十个 TB 字节的数据库，可作为大型 Web 站点、企业 OLTP（联机事务处理）以及数据仓库系统等的产品数据库服务器。

（2）标准版（Standard Edition）：它支持 GB 字节的数据库，功能没有企业版的齐全，但它所具有的功能已经能够满足普通企业的一般需求。标准版适用于小型的工作组或部门。

（3）个人版（Personal Edition）：SQL Server 2000 的个人版主要用于移动用户、单机系统或客户机。该版本为个人用户或仅需要在客户机或单机上存储本地数据的客户提供了恰当的解决方案。

2.【答】：

事务就是一个单元的工作，该单元的工作要么全部完成，要么全部不完成。

事务日志以文件的形式存在，记录了对数据库的所有修改操作，包括每一个事务的开始、对数据的改变和取消修改等信息。随着对数据库的操作，日志是连续增加的。

3.【答】：

数字数据只能存储数字。数字数据类型包括 bigint，int，smallint，tinyint，decimal，numeric，float 和 real。其中，bigint 是一个 8 个字节的整数类型；int 表示的数据范围为 −2 147 483

648～2 147 483 647,占用 4 个字节的存储空间;smallint 表示的数据范围为－32 768～32 767,占用 2 个字节的存储空间;tinyint 表示的数据范围为 0～255,占用 1 个字节的存储空间; decimal 和 numeric 数据类型表示精确的小数数据,它们占用的存储空间是根据该数据的位数和小数点后的位数来确定的;float 和 real 数据类型表示近似的小数数据。

4.【答】:

约束是通过限制列中数据、行中数据和表之间数据的取值,从而可保证数据完整性的一种机制。约束管理分为默认约束管理、检查约束管理、主键约束管理、唯一键约束管理和外键约束管理。

第 11 章测试题参考答案

一、选择题

1. B   2. C   3. D   4. C   5. A   6. B   7. D   8. B
9. C   10. D   11. B   12. C   13. D   14. C   15. B   16. D
17. C   18. A   19. D   20. B

二、填空题

1. 存储过程
2. 系统存储过程　本地存储过程　临时存储过程　远程存储过程　扩展存储过程
3. CREATE DEFAULT　CREATE TRIGGER　CREATE PROCEDURE
CREATE VIEW　CREATE RULE
4. 默认值和规则的完整性检查
5. DROP TRIGGER
6. 触发器所在的表
7. 服务器角色　数据库角色　应用程序角色
8. 显式事务　隐式事务　自动事务

三、判断题

1. ×   2. √   3. √   4. ×   5. ×   6. √   7. √   8. ×
9. √   10. ×

四、简答题

1.【答】:

触发器是一种特殊类型的存储过程,它不同于一般的存储过程。一般的存储过程通过过程名称被直接调用,而触发器主要是通过事件进行触发而执行。触发器是一个功能强大的工具,它与表格紧密相连,在表中数据发生变化时自动强制执行。

2.【答】:

使用触发器有如下优点:

(1)触发器是自动执行的,在对表中的数据做了任何修改之后立即被激活。

(2)触发器可以通过数据库中的相关表进行级联修改。

（3）触发器可以强制限制,这些限制比用 CHECK 约束所定义的更复杂。与 CHECK 约束不同的是,触发器可以引用其他表中的列。

（4）触发器可以评估数据修改前后的表状态,并根据其差异采取对策。

3.【答】:

固定的数据库角色有:public,db_owner,db_accessadmin,db_addladmin,db_securityadmin,db_backupoperator,db_datareader,db_datawriter,db_denydatareader 和 db_denydatawriter。

4.【答】:

一个事务是一组具有逻辑关系的操作的集合。一个事务中的所有操作必须全部完成,否则就必须是一件都未发生,不能处于部分完成状态。即一个事务是不可分割的。事务必须满足如下特性:原子性(Atomic),一致性(Consistency),隔离性(Isolation)和持久性(Durability)。